U0041354

一日三餐
麵包王 & 車珠媽 的完美料理再現！

but first,
coffee

中文版序

讓你興起「好想親手做做看啊」的渴望，是我最大的滿足

在繁忙的城市職場生活中，我總渴望能暫時逃往鄉下，度過一段什麼都不做、什麼都不想，只抱著漫畫書、睡午覺、悠閒吃著三餐的時光。為了滿足自己，我企畫製作了《一日三餐》，藉由節目實現自己夢想中的自給自足有機農生活。

《一日三餐》中的固定成員與各集嘉賓們，有些從未接觸過料理、有些原本就擁有一身好手藝，但他們利用有限的當地食材，依然做出千變萬化的料理，更讓觀眾興起「好想嘗嘗看啊」的渴望，這對我來說是很大的滿足。

為了讓大家更了解節目中每道料理的製作過程，重溫當時的感動，所以有了這本食譜的誕生。《一日三餐》中的料理或許不是那麼華麗，卻真材實料、樸實美味，充滿人情的溫度。希望各位不只從旌善和晚才島的淳樸生活中得到療癒，更能利用本書，親手嘗試做料理，相信你一定能從中體會到美味的力量，有多麼強大！

《一日三餐》製作人 羅暎錫PD

前言

一起享用《一日三餐》中，讓人幸福滿滿的美味料理！

近來，在韓國只要打開電視都能隨時看到料理節目，其人氣與流行程度可見一斑。不論是突發奇想的創意料理，或是即便熱量爆表也令人食指大動的罪惡料理，都能在電視中看到。但關掉電視、回到廚房，我們心中想的仍是溫暖的「家常菜」，這也是實境節目《一日三餐》之所以能在眾多料理節目中一枝獨秀的原因。尤其做料理的不是廚藝高超的廚師，只是一般人，更引起大家共鳴，觸發內心的感動。

《一日三餐》拍攝地分別是位於江原道的旌善農村，以及在全羅南道、從韓國本土出發需5小時船程的晚才島。運用這兩地的新鮮食材，在節目中做出簡單平實的料理，且在料理過程中傳達出溫馨的喜悅，帶給觀眾自然的幸福感，進而得到心境上的放鬆。不需要成為專業廚師或家庭主婦，任何人都能輕鬆完成料理，這不就是《一日三餐》的魅力所在嗎？

雖然節目中的美食教人口水直流，不過播出時並沒有説明詳細材料、分量，且礙於播出剪輯而省略掉一些步驟，要跟著做相當困難。本書以簡潔易懂的説明補足料理步驟，集結成這本誰都能輕鬆跟著做的食譜。讓大家親手做做看這些曾在電視上看到、並在腦中幻想過其美味的料理。

雖然都是簡單的韓國家常菜，也不需要精湛廚藝就能輕鬆上手，但這些平凡的家常菜，正是我們心心念念的難忘風味！希望藉由本書，讓大家親自體會《一日三餐》中平凡卻又不凡的幸福。

CONTENTS

CHAPTER 1

都市人也能輕鬆上手的一日三餐

CHAPTER 2

每天吃也不膩的家常料理

CHAPTER 3

讓人口水直流的獨特美食

晚才島篇

食譜使用方法全攻略

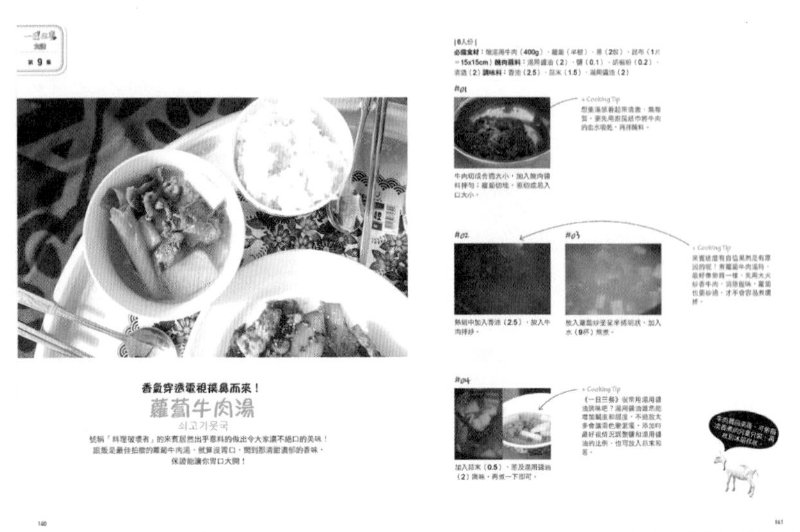

第 9 集

香氣穿透電視撲鼻而來！

蘿蔔牛肉湯

쇠고기뭇국

號稱「料理破壞者」的來賓居然出乎意料的做出令大家讚不絕口的美味！跟飯是最佳拍檔的蘿蔔牛肉湯，就算沒胃口，聞到那清甜濃郁的香味，保證能讓你胃口大開！

140

|6人份|

必備食材：燉湯用牛肉（400g）、蘿蔔（半根）、蔥（2根）、昆布（1片＝15x15cm）**醃肉醬料**：湯用醬油（2）、鹽（0.1）、胡椒粉（0.2）、清酒（2）**調味料**：香油（2.5）、蒜末（1.5）、湯用醬油（2）

#01

牛肉切成合適大小，加入醃肉醬料拌勻；蘿蔔切塊，蔥切成易入口大小。

+ Cooking Tip
想要湯頭看起來清澈，無雜質，要先用廚房紙巾將牛肉的血水吸乾，再拌醃料。

#02

熱鍋中加入香油（2.5），放入牛肉拌炒。

#03

放入蘿蔔炒至呈半透明狀，加入水（9杯）熬煮。

+ Cooking Tip
來賓這麼有自信果然是有原因的呢！煮蘿蔔牛肉湯時，最好像勢賢一樣，先用大火炒香牛肉，消除腥味，蘿蔔也要炒過，才不會容易煮爛掉。

#04

加入蒜末（0.5）、蔥及湯用醬油（2）調味，再煮一下即可。

+ Cooking Tip
《一日三餐》很常用湯用醬油調味吧？湯用醬油雖然能增加鹹度和甜度，不過放太多會讓湯色變混濁，添加時最好視情況調整鹽和湯用醬油的比例，也可放入蒜末和蔥。

141

STEP 1 全新打造，更詳盡的《一日三餐》食譜

★ 節目中看不到的部分，由本書補足！

節目播出時並沒有公布詳細的食材分量、做法，且因節目剪輯而省略許多料理步驟，因此很難跟著節目做料理。「2千元幸福餐桌」特別將節目中省略的部分補足。不只加入詳盡的食材分量，還加上簡單易懂的步驟說明，讓大家輕鬆就能完成美味料理。

★ 善用COOKING TIP，降低料理失敗率！

《一日三餐》中，難免會出現失誤或令人覺得可惜的失敗料理，因此特別加入「COOKING TIP」，提醒大家料理重點，降低烹調時可能發生的失誤。

★ 以隨手可得的湯匙和紙杯做為計量單位。

在料理過程中，要不斷地拿量杯計量食材是一件很麻煩的事。因此本書要讓大家不需要特地準備計量道具，一般的湯匙和紙杯就能輕鬆完成計量。詳細計量方法可參考P30。

STEP 2 「2千元幸福餐桌」設計的進階食譜

韓式小菜輕鬆做
醃辣椒

★ 這也很美味！《一日三餐》好吃料理再升級！

看了蒸蛋之後，就會好奇高級烤肉店的蒸蛋是怎麼做的；昨天吃了炒茄子，如果還有剩下的茄子，就會想做涼拌茄子換個口味，這是人之常情。「2千元幸福餐桌」將節目中的料理賦予小巧思，稍微變化一下食材或改變料理方式，呈現出更多元的料理。

★ 將難以在都市做的料理改良成都市型料理！

晚才島的淡菜和旌善的高粱是當地居民唾手可得的食材，在都市卻很難取得。本書將介紹其他適合的替代食材，一樣能做出好吃的料理喔！

STEP 3 食材的保存與料理法

一日三餐 料理小秘方

★ 學會各種食材的實用知識與有趣資訊

在「COOKING TIP」及「一日三餐健康食材」等單元中，可了解該食材的相關重點，即使是料理新手也能學會處理食材的方法、掌握食材特色，完成美味料理。

★ 還有疑問嗎？快翻到下一頁，進入「基礎篇」！

從食材選擇方法、冰箱運用、活用微波爐以及替代料理容器等，都可在「基礎篇」中學會喔！

CHAPTER 1
都市人也能輕鬆上手的一日三餐
基礎篇

READY?
同時滿足味蕾與身體的
日常生活飲食原則！

以便宜價格購買新鮮食材，才是聰明飲食生活的第一步！

食材的新鮮度是決定料理味道的最大關鍵。
新鮮的食材才能呈現出最好的風味與營養，而且也能保存較久，
甚至減少因存放過久而必須丟棄的情形。生活在都市中，食材採購必須睜大眼睛，
畢竟不能如《一日三餐》節目，隨時都能到田裡去現採蔬菜。
為了料理的風味和我們的健康，現在就為大家介紹購買新鮮食材的訣竅。

POINT 1 適量採買，吃得美味——食材的處理&保管守則！

☑ 買回來的食材要即刻處理

買回來的食材不能直接放入冰箱，應該先處理乾淨、分裝，才能保存食材新鮮度，也能減少垃圾量、縮短烹調時間。存放時要注意，蔬菜應直立、不要相互擠壓；水果要個別包裝，不能互相碰撞；五穀類則要存放在密閉容器內，才不會生蟲。

☑ 分裝的分量以一餐的量為準

大量採買回來的食材，處理分裝時以一餐吃的量為準。這樣料理時一次就能拿出要用的量，方便也避免浪費。尤其是肉類在冷凍過後會難以區分部位，最好先分裝成一餐用量後，註明部位和購買日期。而料理時使用的調味料有時難免會剩下一些，建議可以放在一起，方便下次使用。

☑ 小菜放在透明保鮮盒中，常吃的直接裝盤。

特地買回來的食材或精心烹調的小菜，如果只是塞到冰箱裡就忘記放在哪的話，就會變成浪費，存放在透明保鮮盒中即可一目了然。若是經常食用的小菜，可以直接裝盤放入冰箱中，要吃隨時就能拿出來。

☑ 今天是冰箱整理日！

養成定期清潔整理冰箱的習慣非常重要，不妨定下一個固定整理冰箱的日子吧！把冰箱裡的食材整理成表格貼在冰箱上，標示出購買日期，不僅方便檢視剩下的食材，還能減少浪費。

POINT 2 不同種類食材的選購、處理、保存法

肉類

豬肉和雞肉要選擇帶有粉紅色光澤的，避免肥肉部分或雞皮呈現黃色光澤。保存五花肉的重點在於不要相互沾黏，包的方式要一層肉、一層塑膠袋如此重複包裹。雞肉可加上少許酒和鹽，再放到密閉保鮮盒中；牛肉要有豔紅色澤才新鮮。

在肉的表面塗一層油，再用保鮮膜包起來，可以冷藏3～4天。要保存較久的話，可放到塑膠袋中完全隔絕空氣後冷凍，牛肉可放6個月，雞肉是1～2個月，豬肉是4～6個月。

豆腐、豆芽、菇類

豆腐先在熱水中汆燙一下，撈出後裝在保鮮盒中，加入乾淨的水存放；豆芽和筍絲類也是加水存放；金針菇可放在夾鏈袋中，存放於零下30℃的冷凍庫，要用時直接泡水解凍即可。

海鮮類

魚要挑選眼睛明亮、腮的顏色鮮紅，摸肚子時能感覺到彈力，鱗片扎實黏附在皮上的；蝦子請確認外殼是否透明且有光澤，鬚鬚和頭要緊緊黏附；貝類當然是活的最好，肉要光澤又肥美。避開外殼已經破損或有味道的。

海鮮類買回來後必須立刻處理、冷藏，才不容易壞，要烹調時也比較方便。魚類先去除內臟，洗淨內腹，確實拭乾水分，再灑上鹽，墊上廚房紙巾。如果是之後才要食用，要先在鹽水中浸泡2個小時，過一下加醋的水，瀝乾並完全去除水分後，以鋁箔紙包緊再急速冷凍。解凍時放在淡鹽水中解凍，這樣可凝固魚類的蛋白質，防止營養和肉汁流失，也可使魚肉不易散掉。照此保存方法，白肉海鮮可存放6個月，青背魚類可保存3個月。

蔬菜類

洋蔥

選擇外皮透明且有光澤感的，如果是購買整袋的包裝，盡量挑選形狀差不多的。保存時最好用絲襪將洋蔥一個個分開包，避免相互碰撞，然後一列一列地放好。特別注意不要將洋蔥和馬鈴薯放在一起，這樣兩個都會很快壞掉。

馬鈴薯

馬鈴薯遇到光線很容易發芽，又不耐低溫，因此要放在沒有光線又不通風的地方。和蘋果放在一起，能延緩發芽的時間。

黃瓜

外表直、粗且有光澤的為佳，特別是外皮厚度不均勻的話，新鮮度較高。可以報紙包好，放入夾鏈袋中再冷藏保管。

南瓜

選擇蒂頭新鮮、有光澤且外表沒有受傷的，最好不要太大且形狀正常。切過的南瓜只要以保鮮膜包覆切面的位置，就不用擔心會乾掉。

蘿蔔

選擇顏色鮮明、表面光滑，上面沒有黑色斑點且沒有鬚的為佳。

辣椒、青椒、彩椒

選擇顏色鮮豔且結實的，以保鮮盒或夾鏈袋保存，也可以先洗淨、去籽後保存。

高麗菜、萵苣

挑選外面葉子呈新鮮翠綠，拿起來沉甸甸的。切過的高麗菜會從碰到刀子的部分開始變色，因此盡量用手剝撕下來使用，剩下的以保鮮膜包緊後冷藏。

番茄

選外皮有彈性、光澤的，放進冰箱時蒂頭要朝下，青色番茄則可放在常溫室內，等變紅後再放入冰箱保存。

葉菜類

沾有土的蔬菜維持原樣，以沾濕的報紙包覆後，直立放於冰箱，即能減少損傷。

POINT 3

丟掉之前先等一下！蔬果皮也能活用！

當我們在處理食材時，那些隨手被丟掉的蔬菜根莖或水果皮，其實都是可以再利用的好材料。外皮不僅可以讓家裡處處光亮，還能做出好吃的料理。現在起，不要將它丟掉，一起活用看看吧！

蘿蔔皮

將蘿蔔的蒂頭和皮切下，可用來擦拭流理檯，連水漬都能擦得乾乾淨淨且充滿光澤。還具除臭效果，根本不需要另外買廚房清潔劑了。

西瓜皮

夏天的代表水果就是西瓜，雖然吃的時候又甜又清涼，不過西瓜皮體積大，處理相當麻煩。吃之前不妨將西瓜白（西瓜白色的果肉）另外保存，可以做成泡菜，享受意想不到的清脆爽口風味喔！

西瓜白泡菜必備食材：蔥2根、西瓜白（¼顆分量）
調味料：糖（0.1）、辣椒粉（0.7）、醬油（0.5）、醋（1）、辣椒醬（0.3）、香油少許
1.蔥切片，西瓜白切絲。
2.調好調味醬，放入稍微拌一下即可。

橘子和蘋果皮

橘子皮不但能晒乾入茶，對於去除沉積的頑固油汙更是別具功效。這是因為橘子會分泌鞣花酸油脂的關係。
如果因為忘記關火而將鍋子燒焦一片時，可加上蘋果皮泡水20分鐘後，再以細緻的菜瓜布輕輕搓洗，就能讓鍋子乾淨得像新的一樣。

高麗菜

當烤肉網或架子上有髒汙時，如果用菜瓜布清洗，很容易連上面的烤漆都一起脫落或出現刮痕。高麗菜葉片分泌的水分能溶化髒汙，可以將高麗菜葉對折後擦拭網子，然後過一下水，就能洗得乾乾淨淨。

小塊蔬菜

料理洋蔥、蘿蔔、高麗菜、蒜頭及生薑等蔬菜時，通常不會一次使用完，可以將剩下的部分收集起來熬成高湯，放在保鮮盒裡冷藏，等到要煮鍋類料理或需要調味醬時，這些湯頭可讓料理大大加分。用洋蔥熬湯時，皮也可以一起熬煮，或加上雞骨、芹菜、蘿蔔、義大利扁葉香芹（歐芹）熬成雞肉高湯。

蝦殼與蝦頭

拿掉蝦肉之後的蝦殼與蝦頭其實大有用處，可冷凍或晒乾，當要熬柴魚或昆布高湯時加入提味。熬過高湯的昆布撈出後也別丟，切成細絲調味後，就是可口的小菜。

簡單又不浪費的飲食生活關鍵——
食材的冷藏和保管！

買回來的食材和吃剩的食物若只是隨手放到冰箱裡，很快地冰箱就會呈現飽和狀態了。如果當你打開冰箱就聞到一股酸味，或是裡面塞滿各式塑膠袋，內容物無法一目了然，那麼就是該好好整頓你的冰箱的時候了。並不是只要把食物放進冰箱裡，就能維持保鮮度並防止它變質走味。想要讓用心採買回來的新鮮食材，能毫無浪費地發揮最大的作用嗎？以下是你一定要知道的冰箱使用法。

POINT 1 防止味道散出的冷凍法

掌握基本原則：分裝與標籤

冷凍食品解凍後最好一次吃完，因此最大的重點就是分裝成每次要吃的分量，就不會浪費食材，可說是冷凍保管的基本原則。尤其是肉類冷凍後會變硬，要切不是那麼容易，更應該在冷凍前就先依每次要吃的量分裝。
冷凍庫並不代表能將食物保存一千年、一萬年，最好將食物名稱和購買日期寫在標籤上，貼於包裝外，要食用時從保存較久的食材開始使用。肉類或海鮮可另外加註明確的部位及用途，像是牛排或絞肉等，才不會用錯部位。

Check 01 食材要趁新鮮時冷凍
Check 02 阻絕酸化的原因：空氣
Check 03 急速冷凍可保持新鮮度

你知道嗎？冰箱越滿越有活力

雖然大家都知道，冰箱的食材存放量約60～70%時，最能讓冷氣循環達到最高效率，存放量到80～90%也不錯。這是由於原本擺放於冰箱中的食材，反而能讓新放入的食材更快速冷藏。而每次開冰箱門時，冷凍庫的溫度會增加，也能幫助食物保鮮。如果有多餘空間的話，放些冰塊也不錯。

快記下來！冷凍庫的黑名單

有些食材因為對溫度變化很敏感，一旦放到冷凍庫就會喪失原本的美味，如啤酒、橄欖油與美乃滋等，絕對不能冷凍。尤其很多人為了讓啤酒快速變涼而將啤酒放到冷凍庫，可能會因為氣體結凍而產生爆裂，千萬要小心。

維持新鮮與美味的解凍法

自然解凍，留住水分

肉類或海鮮類食材，要在使用前10小時先移到冷藏室自然解凍，才能保留食物的水分與美味。解凍麵包、蛋糕，則要在室溫下自然解凍才能維持原本鬆軟的口感。

在冷凍狀態下煎、炸、炒

有些食材從冷凍庫拿出來後，不需解凍就能直接使用，如冷凍的漢堡肉、肉排、可樂餅與餃子等。處理過後才冷凍的蔥與辣椒，也能直接加入湯或鍋類料理中。

已經料理過的食物，用微波爐解凍

微波爐最適合解凍飯、湯或煮過的菜，使用微波爐解凍時，一定要調整成解凍功能，並慢慢設定時間，過程中要不斷確認解凍的狀態。解凍時記得要裝在耐熱容器上，已經炸過一次的豬排或可樂餅等炸物，要先墊上廚房紙巾再解凍。

汆燙後冷凍的食材，要煮滾解凍

已經處理並汆燙過才冷凍的蔬菜，解凍時直接放到滾水中，待冰塊完全溶化即可撈出。如果是用來做涼拌小菜則不需放到滾水裡，可置於濾網上，待白然解凍後就可以使用。

Plus tip 1 冷凍保管的好幫手TOP3

★ **保鮮盒**

肉類、海鮮、蔬菜、即食食品、年糕、餃子等，因為外包裝不平整，打開冰箱時常會掉出來，建議可用保鮮盒盛裝，還可依種類保存，讓冰箱空間有效運用。

★ **塑膠袋&夾鏈袋**

如果要分裝成一次要吃的分量，使用塑膠袋或夾鏈袋都不錯。分裝時可包成像保鮮盒一樣的方形或長條形，更能有效運用冰箱空間。

★ **製冰盒**

蒜末、蔬菜末和斷奶食品等每次都只用一點點的食材，最適合放在置冰盒中保存。

Plus tip 2 建議的冷凍保存時間

就算放在冰箱裡，只要放太久食物還是會變質，進而危害健康。每種食材能存放的時間不盡相同，一定要仔細確認，果斷地丟棄。尤其建議1個月一定要整理一次冰箱！不僅能達到小小的運動功效，還能確認需要補充的食材。

Check list

☑ 熟的海鮮、火腿、培根、香腸、熱狗1個月
☑ 生的海鮮、熟的肉2～3個月
☑ 藍莓6個月
☑ 玉米與乾豌豆8個月
☑ 生的牛肉、雞肉最多12個月

START! SIMPLE IS THE BEST !

提升上菜速度的秘訣！

簡單料理的秘密武器
微波爐料理

微波爐對大家來說，應該只是加熱冷凍食品、速食及冷掉食物的工具吧？其實現代人追求便利與速度，只要善用微波爐，也能做出令人驚豔的好菜，簡單又快速地料理「一日三餐」！接下來要為大家介紹多種微波爐料理，從沒有胃口時吃的點心、家常小菜一直到主餐，想節省時間、懶得做菜時，不妨試試看喔！

取代鍋子煎、蒸

簡單的蒸地瓜與蒸南瓜

就算家裡沒有蒸籠，只要有微波爐也能將南瓜、地瓜蒸得多汁又鬆軟。先將地瓜洗淨，以沾濕的廚房紙巾包覆，或切塊後以保鮮膜包覆，放進微波爐，根據地瓜體積加熱4～7分鐘。南瓜也是清洗過後以保鮮膜或戳洞的塑膠袋包覆，加熱6～7分鐘，只要能以湯匙穿透就是熟了。南瓜在蒸熟前比較難切，因此直接整個蒸熟比較方便。

燙黃豆芽、香菇與菠菜

黃豆芽洗淨後，不需瀝太乾，在保有一些水分的狀態下放入塑膠袋中，加熱2分鐘，效果就跟用水汆燙一樣；香菇也是使用相同方法，放到塑膠袋中加熱2～3分鐘；菠菜洗淨切好，放入塑膠袋中加熱2分30秒。要注意放食材的塑膠袋不能完全封口。

煎培根

盤子鋪上廚房紙巾，將培根切成容易入口的大小擺上，加熱2分鐘。比用平底鍋煎還更香脆不油膩。

其他活用方法

受潮的海苔放在廚房紙巾上，以微波爐加熱30秒就能再次變脆，變軟的油炸物也可以用此方法。

LEVEL 2 製作醬料或糖漿

糖漿

在耐熱容器中加入半杯糖和一杯水，加熱2分30秒後，加入藍姆酒混合。糖和水的比例調整為1：1，就能做出較濃稠的糖漿。

辣椒油

在耐熱容器中加入1杯油、蒜末0.5湯匙和辣椒粉2湯匙，以保鮮膜包覆後，在上面戳一個小洞，以微波爐加熱2分鐘。待油冷卻後，以棉布過濾即可。

炒芝麻

將洗淨並瀝乾的芝麻裝在盤子上，鋪放均勻後，以微波爐加熱2分鐘。接著稍微翻攪均勻再加熱2分鐘，就能做出沒有濕氣且香噴噴的炒芝麻。

LEVEL 3 從點心到主餐，輕鬆搞定

做魚糕&起司脆片

在撕開片狀起司包裝前先切成4等份，片狀魚糕切成8等份，鋪上吸油紙，將起司一片片放上，加熱2分30秒。魚糕也以相同方式加熱5分鐘。當濕氣散去後，就能變成酥脆好吃的點心。

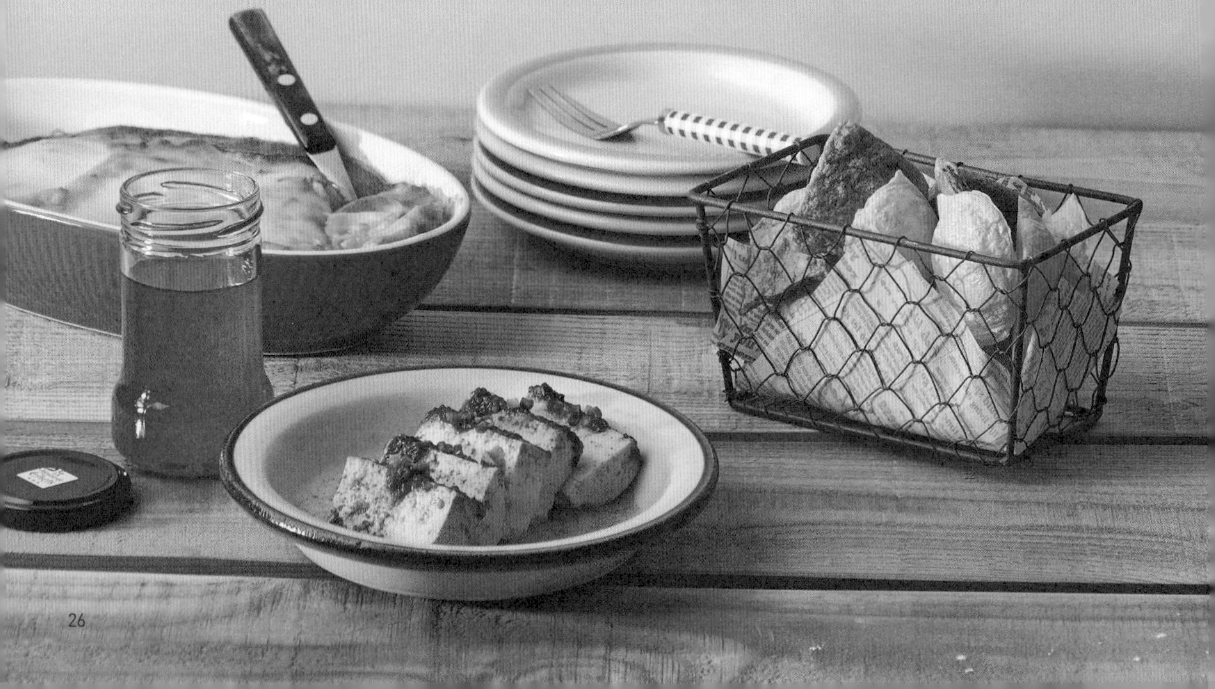

煮拉麵

將拉麵、調味醬包與調味包放入耐熱容器中並加熱水，再加熱3～4分鐘即可。如果是加冷水則需要多微波加熱1～2分鐘，才能將麵煮熟。微波途中可以暫停1～2次，稍微攪動拉麵，會更好吃。

超快速煎豆腐

豆腐切成適當大小，淋上調味醬後以保鮮膜包覆，並在上面戳一個洞，以微波爐加熱3分鐘。

調味醬材料：混合糖（1）＋辣椒粉（2）＋醬油（3）＋蔥末（0.5）＋蒜末（0.3）＋芝麻（0.3）＋香油（0.3）。

用餅乾做迷你披薩

在餅乾上塗番茄醬或披薩醬，放上切碎的洋蔥、小熱狗、玉米粒等，再灑上披薩用起司，以微波爐加熱到起司融化。這道小點心非常適合半夜突然覺得肚子餓時，或是當作下酒菜。.

非油炸洋芋片

用微波爐做洋芋片完全不需加任何調味料，就能做出跟市面上口味百分百相似的洋芋片喔！先將馬鈴薯切薄片，泡在冷水中20分鐘消除澱粉質，接著以毛巾或廚房紙巾略吸乾水分。放入微波爐，分2次各加熱2分鐘，注意中間要不斷確認馬鈴薯片有沒有燒焦。剛完成的洋芋片會有點濕氣，放涼後就會變得酥脆。

生活智慧王！
善用替代工具的巧思

料理做到一半，常會有意想不到的突發狀況發生。像是突然發現每天在用的調味料剛好用完，或是找不到慣用的容器等令人想尖叫的窘境。就像《一日三餐》節目中，他們把廢棄的火爐當作烤箱使用，學一學可以讓我們坦然面對突發狀況的巧思吧！

沒有調味料時怎麼辦？

就算已經做好完整的計畫到超市大肆採購一番，回到家才發現漏買了1～2種調味料，這種情形大家應該不陌生吧？既不想再出去買，又不敢向鄰居借，解決的方法就在這裡喔！

- 沒有鹽，就用蝦米攪碎替代。
- 黃豆芽飯的沾醬，可用醃芝麻葉的醬汁替代。
- 少了紫菜包飯裡的醃黃瓜，將黃瓜切成條狀，加上醃料（糖2＋鹽1＋醋2）醃入味即可。
- 懶得做沙拉醬時，加入醃醬瓜的醬汁就會有和風醬的風味。
- 缺少烤肉時調味的香草鹽，可將芝麻葉放入微波爐中加熱到酥脆，弄碎後與鹽混合使用。
- 沒有辣椒醬就做不出料理？簡易辣椒醬：混合辣椒粉（2）＋鹽（1）＋燒酒（0.7）＋水（0.5）＋果糖（0.5）。
- 太白粉用完了？將馬鈴薯切碎，以濾網過濾，去除水分，留下澱粉使用。
- 自製炸豬排醬：番茄醬（2）＋醬油（1）。

找不到料理道具的應急法

有些道具不常用，不知道到底該不該買，或是明明有某個工具卻怎麼樣也找不到，想到還得跑出去買，就會有想放棄做料理的念頭，也不能不用那個道具，該怎麼辦？

- **壽司簾**：直接將紫菜包飯的食材放在砧板上捲起即可。
- **蒸架**：在鍋子中先放上湯碗，再放上盤子。
- **蒸鍋**：在壓力鍋中放入蒸架，上面放地瓜，下面放玉米，一石二鳥。
- **蒸鍋濾布**：以廚房紙巾、洋蔥網袋或吸油紙代替。
- **刨絲器**：生薑、蒜頭與蘿蔔等，可使用刨絲器刨絲。
- **麵包模具**：將牛奶盒裁成⅓大小，鋪上蛋糕紙再放入麵糰，即可送入烤箱。
- **馬芬杯模具**：可以鮪魚罐頭空罐取代。

- **漏斗**：用塑膠保溫杯的蓋子，或將大礦泉水瓶的上半部裁剪下來使用。
- **蔬菜脫水機**：在塑膠袋中鋪上廚房紙巾，再放入蔬菜搖晃，去除水分。
- **炸物濾油網**：將木筷交錯在盤子上使用。

Plus tip 小小創意發揮大大效用！

★ 如果要將魷魚切成魷魚花或是交錯的網狀造型，可用切蔥絲刀輕輕畫斜線。
★ 燒焦的鍋底只要以寶特瓶瓶蓋輕輕搓一下就能洗掉。
★ 要處理有腥味的魚類或泡菜時，可將牛奶盒攤開替代砧板。不只能防止砧板上的細菌，還能省去清洗的步驟。
★ 鍋子上的油垢可先灑上麵粉輕輕搓揉，再用熱水沖洗就能乾乾淨淨。
★ 炸過的油只要將殘渣撈出，放入幾片洋蔥，就能變得跟新油一樣。不過這樣的油重複使用的頻率以1～2次為限，且最好盡快使用完。

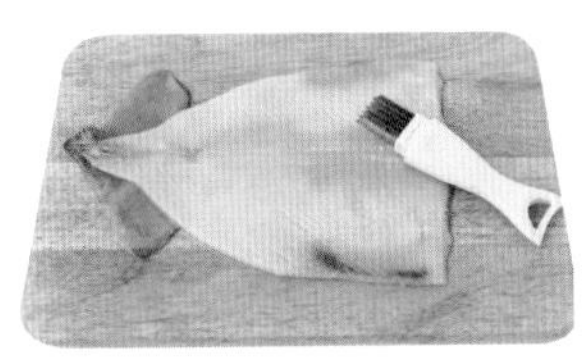

計量法

#1 湯匙簡單計量法

粉末分量計量

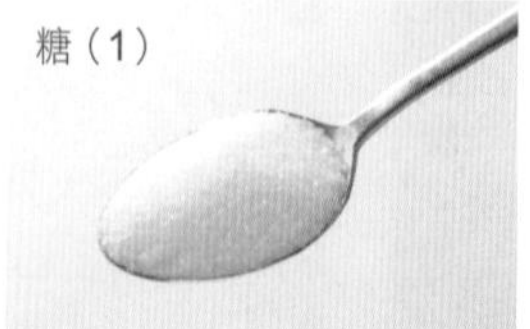

以湯匙挖起時，上方呈突起的滿滿狀態。

半湯匙的突起程度。

湯匙⅓的突起分量。

切碎材料計量

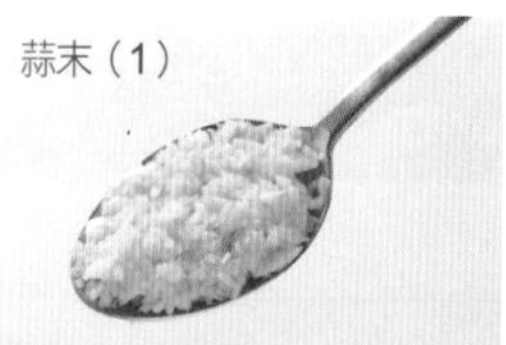

裝滿整個湯匙的分量。

裝滿半湯匙的分量。

裝滿⅓湯匙的分量。

醬料計量

以湯匙撈起時，滿滿一湯匙的分量。

裝滿半湯匙突起的分量。

裝滿⅓湯匙的分量。

液態調味醬計量

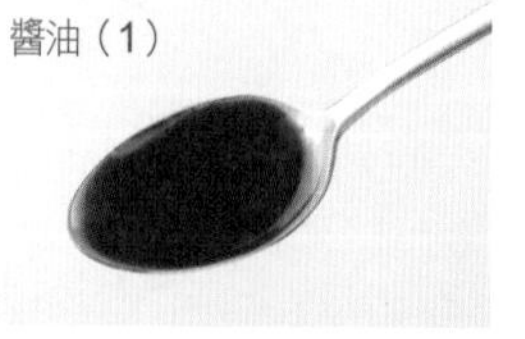

以湯匙撈起滿一湯匙的分量。

湯匙撈起，露出周圍邊界的分量。

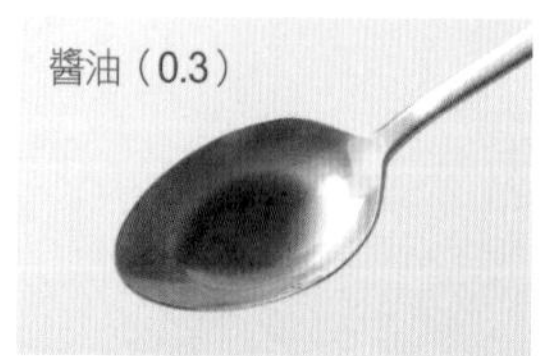

裝滿⅓湯匙的分量。

#2 單手簡單計量法

豆芽菜（1把）

手自然抓起的分量。

菠菜（1把）

手自然抓起的分量。

麵線（1把）

手圈起的直徑約臺幣10元大小。

#3 紙杯簡單計量法

高湯
（1杯＝約180ml）
裝滿紙杯。

高湯
（0.5杯＝90ml）
裝滿一半。

麵粉
（1杯＝100g）
裝滿紙杯，不突出杯面。

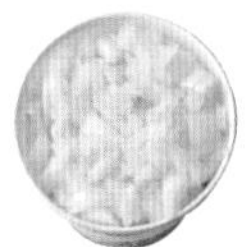

蒜末
（1杯＝110g）
裝滿紙杯，不突出杯面。

杏仁
（0.5杯）
裝滿半杯。

小魚乾
（1杯）
裝滿一杯。

#4 簡單目測計量

櫛瓜
（半根＝100g）

洋蔥
（¼個＝50g）

蘿蔔
（1塊＝150g）

紅蘿蔔
（半根＝100g）

蒜頭
（1瓣＝5g）

生薑
（1塊＝7g）

Plus tip 標示「＋」的意義

調味料、醬料、沙拉醬

有些料理製作前，需要把調味料混合備用，使料理更入味。因此若調味料中有標示「＋」，即表示要先混合。

Plus tip 其他注意事項

少許：表示以拇指和食指輕捏一點的分量，如鹽巴。

必備食材：製作該料理一定要有的材料。

選擇性食材：可加可不加的食材，不加也不影響料理美味，可視個人喜好用其他食材代替或省略。

調味料：指蒜末、醬油、辣椒醬、糖等。

CHAPTER 2
每天吃也不膩的家常料理
旌善篇

第 1 集

健康又自然的一餐

蘿蔔飯

무밥

這些大男人們連煮飯時要先洗米再將米放進電鍋都不知道，
根本也不知道有蘿蔔飯這道料理，仍然硬著頭皮煮出這道蘿蔔飯。
如果大家對蘿蔔飯純樸且健康的味道感到好奇，
不妨親手做做看唷！

| 4人份 |

必備食材：米（3杯）、蘿蔔（⅓根）

#01

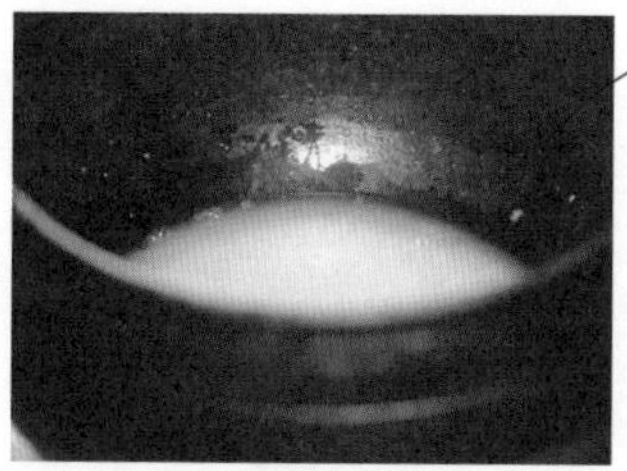

米洗淨後，放入鍋中，加水（3杯）一起煮。

+ Cooking Tip

料理新手必學！正確洗米法：將米放在大鍋中，倒入冷水到淹過米，以手輕輕攪拌後快速將水倒掉，洗去沾附在米上的灰塵；再次倒入水，利用手掌均勻地輕輕搓洗米粒，再將水倒掉，重複2～3次即可。最後再將水倒入米中，稍微沖洗後倒出，這一次倒出的水就是韓國料理中常用的洗米水。洗米時的力道要輕，力道太大會破壞米的胚芽，導致米容易碎裂。

#02

將蘿蔔切成一口大小，放入鍋中一起攪拌。

+ Cooking Tip

蘿蔔的盛產季節是秋冬，此時的蘿蔔香甜美味。《一日三餐》中做蘿蔔飯是切成小塊狀，其實最好不要切太大塊，直接切絲反而口感更好。

#03

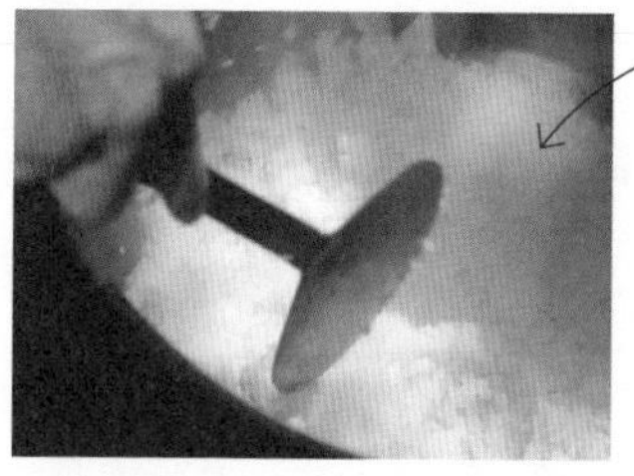

煮熟後，以飯匙輕輕攪拌讓熱氣稍微散發，米飯更Q彈。

+ Cooking Tip

飯如果煮得好，就算只加醬油一起拌也好吃。也可以調配一碗加入香油、辣椒粉、醬油與蔥蒜的調味醬，味道更迷人！

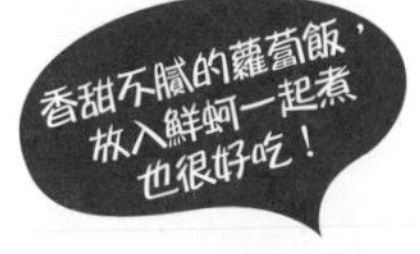

肚子餓了什麼都好吃

山蒜大醬湯

달래된장국

大醬湯加蔬菜或肉都很適合，是失敗率很低的料理。
《一日三餐》中只加入了蘿蔔葉，看起來仍豐富又美味。
不過蘿蔔葉菜乾若沒有完全煮爛口感會不好，使用前最好先汆燙，
或用菜乾較嫩的部位。嫩蘿蔔葉或白菜葉也是很好的替代食材。

| 6人份 |

必備食材：蘿蔔（半根）、茄子（2條）、蔥（1根）、紅辣椒（2根）、山蒜（2株）、沒有完全晒乾的蘿蔔葉（4株）

調味醬：大醬（1大勺＝4～5湯匙）

#01

將蘿蔔隨意切成大塊，加入滾水（9杯）燉煮。

#02

放入大醬調味。

#03

將茄子、山蒜、蘿蔔葉菜乾切成一口大小，紅辣椒和蔥切好備用。

#04

水滾後，放入除了茄子和山蒜之外的全部食材。

#05

放入茄子再煮一下。

+ Cooking Tip

《一日三餐》中是將食材切成容易入口的大小後，放在一個大籃子中，煮的時候全部一起倒進去。建議根據食材熟透所需的時間，從較慢熟的開始放，再依序放入易熟食材，口感會更好。

#06

調味後，放入山蒜煮滾即可。

+ Cooking Tip

節目中沒有使用山蒜根部，其實山蒜根部具迷人香氣，若連根部一起煮，不僅口感清脆，還能讓山蒜風味更濃厚。且山蒜富含維他命和鈣，非常適合在容易覺得疲勞的春季食用。

一日三餐
食譜
第1集

細小的珠蔥更美味

蔥煎餅

파전

吃完早餐收拾一下，就要開始準備做午餐，應該是所有需要準備三餐的人的共同經驗。
如果沒有多餘時間，只要30分鐘就能完成的午餐當屬蔥煎餅了！
只要在麵糊中加入蔥就能輕鬆完成。不過要記住，細小的珠蔥風味更佳。

| 4人份 |

必備材料：珠蔥（2根）、紅辣椒（1根）、麵粉（1 ½杯）、水（1 ⅓杯）**調味料**：鹽（0.3）

#01

從田裡現摘的珠蔥和紅辣椒，洗淨後將珠蔥切成容易入口的大小，紅辣椒切薄片。

#02

在麵粉中放入鹽（0.3）和水，攪拌成麵糊。

+ Cooking Tip

使用一般的蔥做蔥煎餅味道也不錯，但更推薦略粗一點的珠蔥（太細的珠蔥容易斷掉），口感更好，更能突顯油煎的香氣。

#03

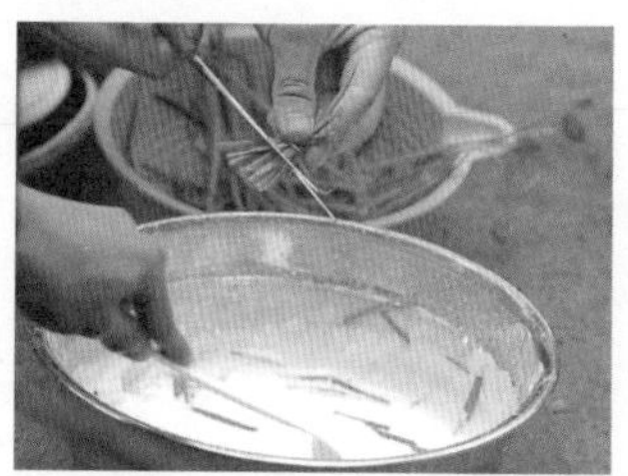

在麵糊中放入切好的珠蔥和辣椒，攪拌均勻。

#04

熱油鍋，將麵糊放入塑成圓型，煎至兩面金黃即可。

這也很美味！
進階食譜
第 1 集

山蒜風味滿溢

山蒜大醬鍋

달래된장찌개

為了讓大家了解山蒜做的湯料理有多好吃，快嘗嘗這道山蒜大醬鍋吧～
調味只用大醬就能完成，也可添加一點辣椒醬增添風味，
最後起鍋前豪邁加入一整株山蒜，香氣十足！

|2人份|

必備食材：洋蔥（半個）、馬鈴薯（1個）、豆腐（¼塊）、山蒜（½把）**選擇性食材：**櫛瓜（⅕個）、紅辣椒（半根）**高湯材料：**小魚乾（10尾）、昆布（1塊）**調味料：**大醬（1）、辣椒醬（0.2）、蒜末（0.5）

1 在鍋子中放入高湯材料和水（2½杯），以中火煮開後，撈出昆布並轉小火再煮10分鐘，再撈出小魚乾。

2 利用熬煮高湯的時間剝除洋蔥外皮，將馬鈴薯切成容易入口的塊狀，山蒜從根部開始切成5cm小段，辣椒切片。

3 高湯中添加大醬（1）和辣椒醬（0.2），攪拌開後，放入馬鈴薯轉中火熬煮。

也可以只加大醬熬煮，不過加入適量辣椒醬能讓湯頭更美味。

4 煮滾後放入櫛瓜和洋蔥，等到蔬菜略呈透明，再放入豆腐和蒜末（0.5）。

5 再次沸騰後，放入辣椒和山蒜略煮一下即可。

食材豐富、口感多層次

海鮮煎餅

해물파전

擁有蔥的辛香和海鮮扎實口感的海鮮煎餅，單純的麵糊更能突顯豐富食材的美味。
市面上就有販售剝好的蝦子和處理好的蛤蜊肉，因此不需特別費心處理。
最後加上雞蛋會讓煎餅更香酥，視覺效果也更佳。

|2人份|

必備食材：珠蔥（1把）、蛤蜊肉（0.5杯）、蝦仁（⅓杯）、煎餅粉（⅔杯）、雞蛋（1個）**選擇性食材：**紅辣椒（⅓根）、青辣椒（1根）**調味料：**鹽（0.5）

1 去除珠蔥尾端不平整的部分，將珠蔥的長度統一；辣椒切薄片。

2 將水（3杯）與鹽（0.5杯）混合後，清洗蝦仁和蛤蜊肉，撈出備用。

3 煎餅粉中加入水（⅔杯），一邊輕輕攪拌一邊調整濃度。

使用韓國煎餅粉的好處在於口感比用麵粉酥脆，且不需另外加鹽也會有鹹度，也可用蕎麥粉、燕麥粉或橡實粉取代煎餅粉。

4 熱油鍋，將蔥鋪在平底鍋中，將麵糊倒在蔥上，最好用筷子一邊攪拌一邊倒入，使麵糊均勻。

5 放入蛤蜊肉、蝦仁與辣椒，再稍微倒入一點麵糊，打上一顆蛋。

6 待餅的周圍開始呈現酥脆色澤後，翻面煎至金黃即可。

香氣宜人的季節蔬菜

充滿香氣的春季美味 山蒜

山蒜具抗氧化、增強免疫力與幫助消化等功效。雖然四季都能買到，但是春季的山蒜最美味，因為山蒜性溫和，適合偶有涼意的春天食用，不過體質偏熱的人不適合吃太多。山蒜和蔥、蒜頭都屬辛香食材，與湯類料理、煎餅或煎豆腐等很搭，與雞蛋一起做成蛋衣也能增加香味和口感。

CHOICE 選擇根部大小適中，尾端不乾枯且細長的。

Point 1 **山蒜的處理法**

山蒜香味最濃的部位是根部，連根部一起使用才能保留獨特香氣。處理時，先把根莖部位的土清洗掉，直接整株使用。

Point 2 **如何讓山蒜的香氣持久**

美味的山蒜總是讓人忍不住一次購買一大把，如果一次用不完，不要放冷藏，否則葉子會很快乾枯。只要冷藏幾天內要吃的量，剩下的洗淨後切成要用的大小，直接冷凍。要使用時不需解凍，直接使用即可。

能明目解酒的 薺菜

薺菜又被稱為「春天吃的人參」，富含蛋白質、維他命、鐵與鈣，有益眼睛健康，還能幫助緩解宿醉，改善浮腫和貧血，對孕婦或產婦都相當好。

CHOICE 莖不要太硬且呈白色，葉子和根要細小，葉子要潤澤不乾燥。

迎著海風生長的 防風草

不畏猛烈的海風、迎風生長的防風草，能預防中風和換季時的感冒，紓緩對呼吸道敏感的神經，適合春天容易身體不適或免疫力低的小孩食用。防風草無毒且具有甜味，適合和海鮮一起烹調。

CHOICE 根和葉子不硬的。

名不虛傳的春天王子 刺嫩芽

春天蔬菜的皇帝非刺嫩芽莫屬！它是一種蕨類蔬菜，具有高雅香氣，常見於日韓、中國北方。其富含維他命C，能有效預防春睏症。特別推薦和牛肉一起做成串燒，沾醋醬食用。

CHOICE 顏色鮮明且富含水分，外皮不要太乾。

排毒好幫手 東風菜

3月的東風菜既柔嫩又香氣宜人，含鈣量高，能幫助降低體內膽固醇，排出鹽分，有助提升集中力，還具排毒功效，有益骨骼健康，是全家老少都適合的養生菜。常見於日、韓、中國等地。

CHOICE 選擇細嫩且有淡淡綠色光澤的。

養顏美容的 垂盆草

垂盆草熱量低且含水量高，能養顏美容。其富含大豆異黃酮，對更年期女性有益，還能降低膽固醇，對常常需要喝酒應酬的男人來說是大自然的禮物。咀嚼食感佳，可直接加醋醬、拌生菜食用。其為多年生肉質草本，常見於日、韓、中國等地。

CHOICE 葉子不乾，且沒有傷痕的。

Plus tip 讓肚子變舒服——冬天的香甜蘿蔔

11月～12月晚秋到冬天的時節，是白蘿蔔最結實且最甜的時候，不論煮湯、燉煮或做泡菜都很棒。蘿蔔飯和涼拌蘿蔔絲等清爽無負擔的料理，也能讓舒緩不舒服的腸胃。

Point 1 聰明的處理法
蘿蔔從根到葉子全部都能吃，沒有半點需要丟棄的部位。但蘿蔔梗較易受損，有些店家會先去除蘿蔔梗。其實蘿蔔梗和蘿蔔葉都富含維他命與膳食纖維，對皮膚美容和減肥有益。蘿蔔葉涼拌或炒食都很美味。

Point 2 蘿蔔皮的再發現
處理蘿蔔時隨手丟棄的蘿蔔皮，是可以讓家裡每個角落都亮晶晶的小幫手。將蘿蔔皮或蒂頭部分切下後，可用來清洗流理檯的水漬，還有除臭效果，根本不需另外買清潔劑。下次不要把蘿蔔皮丟掉，試著再利用吧！

Plus tip 蔥和珠蔥

珠蔥又稱細蔥，和一般蔥最大的差別在根較細小且有甜味，在韓國主要用來做泡菜或蔥煎餅，煮湯或炒菜、燉煮時也常添加。珠蔥富含維他命B群與C，能恢復疲勞、增進新陳代謝及養顏美容。
蔥含有的獨特辛辣香氣就是硫胺素，能幫助抑制血小板凝固，讓血液循環變好，身體變溫暖，有助預防心血管疾病與肥胖。

難以抵擋的早安咖啡誘惑

石磨美式咖啡

아메리카노

美式咖啡雖然苦澀，卻很適合清晨醒腦。
都市裡要買到煮咖啡的機器根本是輕而易舉，不需在上班途中特意繞到咖啡廳，
用簡單的器具就能在家裡享用美式咖啡。以一杯手工咖啡展開美好的一天，如何？

必備食材：炒過的咖啡豆（適量）、水（適量）**使用器材**：石磨、水壺、棉布或濾紙、碗、杯子

#01

用石磨將炒過的咖啡豆磨成粉。

#02

水壺加水煮滾。

#03

大碗鋪上棉布或濾紙，將研磨過的咖啡粉放入，慢慢倒入熱開水，將滴漏出的咖啡換盛到杯子裡。

+ Cooking Tip

雖然在旌善是用石磨，但市面上可輕易找到小巧的咖啡研磨機。只要將炒過的咖啡豆研磨後，再加上水，就是一杯風味滿溢的手工滴漏咖啡，還可用美麗的杯子增添情調。直接跟喜歡的店家購買已研磨成粉的成品更方便喔。

一日三餐
食譜
第 2 集

讓旌善更顯優雅

Ricotta羊奶起司沙拉

리코타치즈샐러드

《一日三餐》中，山羊Jackson溫馴的性格和潔白模樣受到觀眾喜愛，
尤其是Jackson每天提供新鮮羊奶，在旌善可是和雞蛋一樣珍貴的食材。
只要有醋和鹽就能輕鬆做出美味起司，快試看看吧！

沙拉醬可根據喜好選擇，油醋醬、凱薩醬、芝麻醬都很適合。

|4人份／起司1杯分量|

Ricotta起司材料：羊奶（5杯）、鹽（0.5）、醋（3）**沙拉材料**：生菜（3把）、花椒（1個）、番茄（2個）、沙拉醬（適量）★讓沙拉更美味的豐富醬料食譜，請參考P58

#01

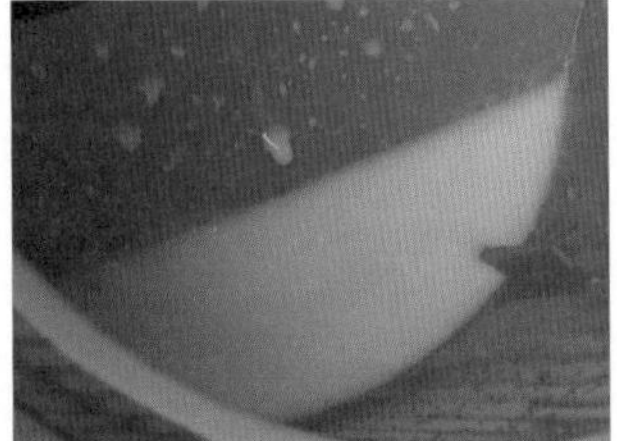

擠出Jackson的羊奶。

#02

以棉布過濾後，將羊奶煮沸殺菌。

+ Cooking Tip

最可惜的是我們家裡並沒有Jackson！想製作起司時，就用牛奶代替吧！只用牛奶或將牛奶和奶油以1：1比例混合，更能做出柔滑美味的起司。

#03

加入鹽（0.5），以中火熬煮。

#04

加入醋（3），轉小火繼續煮。

+ Cooking Tip

大家應該很好奇為何要加醋吧？醋扮演的角色是讓牛奶中的蛋白質凝固，也可用檸檬汁替代，香味更佳。

#05

等到開始結塊後，邊煮邊慢慢攪動，之後放到在棉布上，輕輕擠去水分。

#06

生菜和起司都切成容易入口的大小，裝盤後擠上沙拉醬即可。

+ Cooking Tip

千萬不要以為用力攪拌才能做出好吃的起司。尤其是剛開始結塊時，如果大力攪拌反而不易凝固，要輕輕地像是把結塊的部分均勻混在一起般，再將幾乎凝固的起司輕輕倒到棉布上，放置一會後濾乾水分，裝入密閉容器中冷藏保存。

滋味香醇宜人

牛尾湯

꼬리곰탕

冬天的旌善冷到連沙拉油都會結凍，電視機前的大家是不是光看畫面，
都覺得手也跟著冰冷了起來呢？
在這樣的酷寒中，《一日三餐》呈上的就是能融化冰冷的牛尾湯！
一口白飯搭配熱呼呼的牛尾湯，讓所有人都露出幸福洋溢的表情。

|2人份|

必備食材：牛尾（2公斤）**高湯材料：**整株的蒜頭（2把）、洋蔥（2顆）、蔥（約30公分，3根）**調味料：**切好的蔥（適量）、鹽（適量）、胡椒粉（適量）

#01

洗去牛尾的血水後，倒入鍋中，加入可蓋過牛尾的水熬煮。

#02

牛尾外皮呈現熟的樣子時，湯上層開始出現泡沫，倒掉湯水，再次倒入能蓋過牛尾的水量，放入蒜頭、蔥和洋蔥續煮。

+ Cooking Tip

以冷水浸泡牛尾約1～2個小時，中間需換水2～3次，才能有效去除腥味。

#03

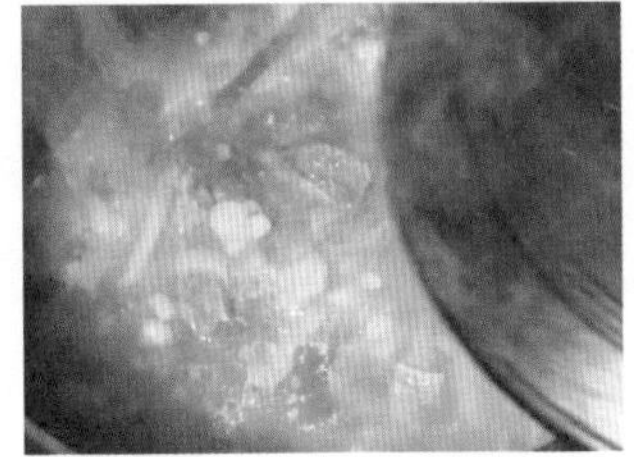

牛尾熟透後，撈出蔬菜和浮油。

#04

將兼具蹄筋口感的牛尾湯盛碗，放上切好的蔥末、灑上胡椒即可。

+ Cooking Tip

牛尾湯需熬煮5個小時以上才能燉出美味口感，因此中間如果湯越來越少，可適度添加，或分成1～2次分開熬煮。節目中的牛尾湯上面浮滿了油，雖然可以在熱騰騰時就直接把浮油撈掉，也可等完全冷卻、浮油變白後，會更容易撈出。

健康百分百

炒茄子

가지볶음

和牛尾湯一起端上桌的是對身體很好的炒茄子。茄子富含具抗癌效果的花青素，是非常健康的食材，很適合經常食用。

|2人份|

必備食材：茄子（2根）、青陽辣椒（1根）**選擇性食材：**蔥（3根）**調味醬：**鹽（0.4）、香油（2）、醬油（1.5）、蒜末（1）、辣椒粉（0.7）

#01

茄子洗淨後切成適當大小，放入鹽水（水4杯＋鹽0.4）中汆燙，瀝乾水分。

+ Cooking Tip

茄子是水分非常多的食材，最好先汆燙或火烤，在料理時水分才不會流失太多，口感也更好。

#02

鍋中放入茄子，加香油（2）和醬油（1.5）、蒜末（1）和辣椒粉（0.7）一起拌炒。

#03

蔥和辣椒切片，放入略炒一下即可。

煎得香酥又軟嫩

菠菜蛋捲

시금치오믈렛

菠菜蛋捲雖沒有歐姆蛋那樣口感柔軟，卻是在旌善要一口一口細細品味的珍貴食物。尤其在新鮮雞蛋中加入豐富蔬菜，健康滿分！是忙碌的早晨也能輕鬆完成的簡單料理。

|1人份|

必備食材：菠菜（3小株）、細蔥（2株）、雞蛋（2個）**調味料**：鹽（0.2）

#01

雞蛋中放入鹽（0.2），打勻後，放入切細的菠菜。

#02

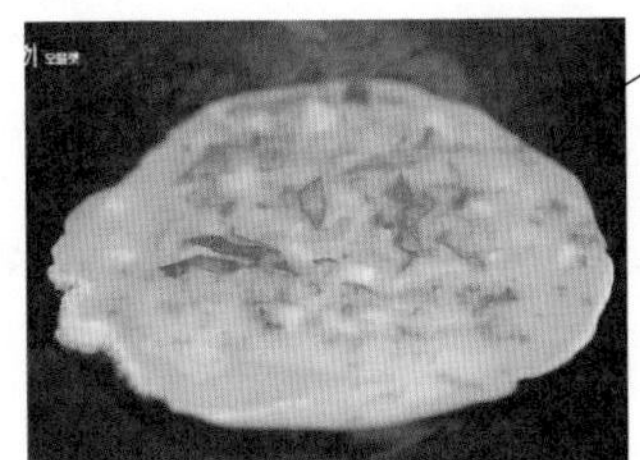

熱鍋中放油，倒入蔬菜蛋液，正反兩面都煎得金黃。

+ Cooking Tip

用大火煎蛋會變得很硬，以中火煎較恰當，用筷子輕輕攪拌蛋汁再慢慢倒入鍋中，就能做出軟嫩可口的蛋包。

#03

翻2～3折，捲成適合入口的大小。

這也很美味！
進階食譜
第2集

入口即化得教人著迷

涼拌茄子

가지무침

最適合夏天的健康小菜，當屬使用當季盛產茄子做成涼拌茄子了。
茄子像海綿一般組織不密集，因此稍微排出一些水分口感會更好。
以下要教大家用簡單的調味料，做出爽口的涼拌小菜。

|4人份|

必備食材：茄子（2根）**選擇性食材**：青辣椒（1根）、紅辣椒（½根）**調味料**：湯用醬油（0.5）、蒜末（0.5）、蔥末（1）、香油（1）、芝麻（0.5）、鹽（0.1）

1 茄子洗淨，對切成同樣長度的4等份。

家裡若沒有蒸籠，可在大鍋中放上蒸架。

2 蒸籠中鋪上昆布，放上茄子，蒸5分鐘。

茄子如果蒸太久會變爛、失去口感。蒸時要經常確認狀態，調整蒸的時間。

3 裝在盤上冷卻後，用手撕成粗長條。

4 辣椒對切、去籽，切成略長的斜片。

5 碗中放入調味料，均勻攪拌後放入茄子和辣椒，稍微拌一下並調味即可。

可根據個人喜好添加芝麻，創造更豐富香醇的口感，也可拌入湯用醬油搭配辣椒粉、糖，調配出自己喜歡的味道。

這也很美味！
進階食譜
第2集

最佳健康早午餐

番茄起司歐姆蛋捲

토마토치즈오믈렛

《一日三餐》把菠菜蛋煎成蛋捲，是不是很有趣呢？
來學學怎麼把一般煎蛋變成道地歐姆蛋捲吧！
蛋捲可根據個人喜好加入菠菜、番茄、起司、香菇、綠花椰、蘆筍甚至是吐司等。
起司更是畫龍點睛，趁熱吃下，感覺起司融化在口中的絕妙滋味吧！

|1～2人份|

必備食材：洋蔥（⅙個）、雞蛋（3個）、牛奶（⅓杯）、小番茄（8個）、莫札瑞拉起司（0.5杯）**選擇性食材：**帕瑪森起司粉（1）、切片巧達起司（1片）**調味料：**鹽（0.1）、胡椒粉（0.1）

1 洋蔥切細末。

2 蛋中加入鹽（0.1）、胡椒粉（0.1）並均勻攪散，加入洋蔥末、帕瑪森起司粉（1）混合。

蛋打勻後先以濾網過濾一次，做出的蛋捲口感更嫩。

3 開中火，鍋中倒入橄欖油（0.5），放入小番茄煎到皮稍微要破掉的樣子後撈出。

4 再倒橄欖油（1），慢慢將蛋汁均勻倒在平底鍋中，以飯匙或筷子輕輕一邊攪拌一邊倒入，注意別有破洞，要均勻一致，倒入後轉小火。

5 起司對切放在中間，放上剛剛煎過的小番茄和莫札瑞拉起司。

6 將蛋皮的兩邊往中間翻，之後翻面再稍微煎一下即可。

蛋捲或蛋包要煎成漂亮形狀很不容易，不要想太多，直接翻成一半的半月形也不錯。也可擠上番茄醬或奶油醬。

讓沙拉更美味的 手工醬料DIY

只要變化醬料就能創造多變口味，無論是淋在食物上吃、沾著吃、拌著吃、都超好吃！

美乃滋類

美乃滋是在植物油中添加蛋黃做成的醬料，最大特色是濃稠的質地與香濃口感。

• 蜂蜜芥末醬

材料 美乃滋（0.5杯）＋蜂蜜（2）＋黃芥末醬（2）＋檸檬汁（1）＋辣根醬（適量）

HOW TO 所有材料放入大碗中均勻混合。

絕妙搭配 炸雞、萵苣、黃瓜

PLUS TIP 根據用途不同，可加入柳橙汁（2）讓濃稠度變稀，口感更輕盈。

★辣根有白色芥末之稱，味道比芥末溫和，兼具蘿蔔與芥末風味，但沒有那麼嗆，是猶太人吃的五大苦菜之一。

• 塔塔醬

材料 美乃滋（4）＋酸黃瓜末（1）＋水煮蛋（¼個）＋洋蔥末（1）＋蒜末（少許）＋檸檬汁（少許）＋胡椒粉（少許）

HOW TO 所有材料放入大碗中均勻混合。

絕妙搭配 魚料理

PLUS TIP 如果喜歡咀嚼的口感，酸黃瓜可以切大塊一點。

橄欖油類

橄欖油能幫助排除體內廢物，加上富含不飽和脂肪酸，是健康指數滿分的醬料。

• 義大利油醋醬

材料 糖（2）、醋（2）、鹽（少許）、羅勒（0.5）、蒜末（0.5）、橄欖油（2）、檸檬汁（少許）

HOW TO 將糖（2）、醋（2）、鹽（少許）、羅勒（0.5）、蒜末（0.5）均勻混合，等到糖都融化再加入橄欖油（2）快速攪勻，最後加入檸檬汁即可。

絕妙搭配 煙燻鮭魚、彩椒、萵苣

PLUS TIP 亦可用牛至（Oregano）取代羅勒。

• 和風醬

材料 糖（2）＋醋（2）＋醬油（2）＋蒜末（0.5）＋芥末（0.5）＋香油（1）＋橄欖油（2）＋胡椒粉（少許）＋檸檬汁（少許）

HOW TO 所有材料放入大碗中均勻混合。

絕妙搭配 肉類（尤其是牛肉、雞肉，帶點脂肪的肉比瘦肉適合）、豆腐

PLUS TIP 加入蠔油能讓醬汁更醇厚，最後可加一點芝麻。

其他醬料

用水果等材料做成的醬料也各有特色。

• 水果醋醬

材料 蘋果（1片）＋鳳梨罐頭的鳳梨（1片）＋櫻桃（2個）＋檸檬（1片）＋蒜頭（1片）＋糖（1.5）＋鹽（少許）＋醋（2）＋橄欖油（2）＋洋蔥（⅛個）＋胡椒（少許）＋水（2）

HOW TO 將所有材料放到果汁機中均勻攪碎。

絕妙搭配 適合所有料理。

PLUS TIP 吃之前現做，放到冰箱中冷藏一下風味更佳。但注意若放太久會出水，且食材會分離，走味。

• 青醬

材料 羅勒（2把）＋紅辣椒（1個）＋鹽（少許）＋松子（2）＋帕瑪森起司粉（1）＋蒜末（1）＋橄欖油（2）＋胡椒粉（少許）＋檸檬汁（少許）

HOW TO 將所有材料放到果汁機中均勻攪碎。

絕妙搭配 肉類、蔬菜、水果與麵食

PLUS TIP 攪碎羅勒、松子及蒜頭時，可加一點橄欖油。

Plus tip **對身體非常好的健康食材——茄子**

茄子含水量高，裡面的組織像海綿一般，最大特色是含有具抗癌效果的花青素。新鮮茄子的形狀優美、表皮有光澤且蒂頭略微溼潤。

一日三餐
食譜
第3集

世上做法最簡單的飯料理

拌飯

비빔밥

不論是生活在都市或鄉間，對韓國人來說最簡單的料理就是拌飯了。
淋上甜辣口感的辣椒醬和香油，搭配爽口蔬菜和香噴噴的煎蛋，拌入飯中的迷人香氣，
真教人垂涎三尺！這也是最適合當作宵夜的深夜食譜。

|2人份|

必備食材：葉菜類生菜（2把）、雞蛋（2～3個）、飯（2碗）**調味料**：辣椒醬（1.5）、香油（2）、芝麻（1）

#01

將田裡採來的各種生菜、韭菜與辣椒洗淨。

#02

從雞籠取來雞蛋，熱油鍋，煎成荷包蛋。

+ Cooking Tip

《一日三餐》中所用的雞蛋是直接從雞籠取來的自然蛋。以熱油鍋煎成半熟蛋，拌飯超美味！想吃像節目裡一樣新鮮的雞蛋，購買時一定要特別注意雞蛋的採收日和保存期限，挑選剛採收且保存期限長的。雞蛋表面越粗糙越好，不能有其他花紋或缺陷。可輕輕搖晃看看，不要有空洞感。

#03

取一大碗，放入飯與辣椒醬（1.5）、香油（2）均勻攪拌，再放入蔬菜和雞蛋一起拌。

#04

灑上芝麻就OK囉！

讓人食指大動的火烤美味

烤海苔 & 烤鯖魚

김 & 고등어구이

在旌善，火烤的海鮮料理非常受歡迎。有句話說烤海苔搭配烤魚的滋味絕佳，真的沒錯！
這之中的第一名當屬烤鯖魚囉！油脂隨著烤盤流出，魚肉口感扎實柔嫩，
尤其是烤到外皮略帶焦黃，配著白飯更是過癮。
來學學在家裡也能輕鬆烤出美味鯖魚的方法。

|2人份|

烤海苔材料：海苔（30張）、白蘇油（1杯）、鹽（5）

烤鯖魚材料：切成適合大小的鯖魚（4隻）

#01

湯匙沾取白蘇油抹在海苔上，灑少許鹽。

#02

架木炭火爐，將海苔夾在烤網中邊翻面邊烤。

+ Cooking Tip

烤網可用平底鍋代替。平底鍋加熱後放入2張疊在一起的海苔，翻面時也要維持2張疊在一起。要特別注意的是，火太大容易燒焦，最好要隨時注意，烤得適度酥脆即可。

#03

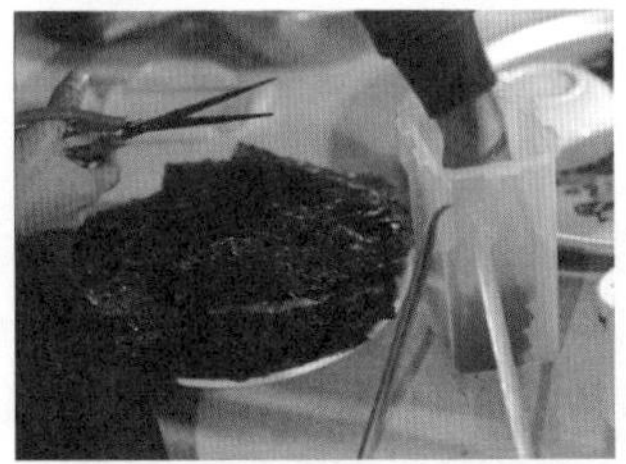

烤過的海苔冷卻後，剪成容易收納的大小放入保鮮盒。

#04

將切好的鯖魚夾在網中烤，記得前後都要烤熟。

+ Cooking Tip

處理鯖魚時，洗淨後先抹上鹽巴，幫助入味，魚肉也較不容易散開。用平底鍋煎烤記得油一定要夠，外皮才能金黃酥脆也不沾鍋。

這也很美味！
進階食譜
第 3 集

韓式小菜輕鬆做

醃辣椒

고추장아찌

韓國各式醬油醃漬的小菜都會像《一日三餐》一樣，先將醬油煮過。
不過以下要教大家不需煮、更簡單的醃漬方式。且料理時加入燒酒，不用擔心壞掉或發霉，
燒酒的酒精在使蔬菜發酵的同時會慢慢揮發，吃起來也沒有酒味。

|0.8公升分量|

必備食材：糯米椒（2把=約200g）醃料：醬油（1.5杯）、醋（0.5杯）、糖（0.5杯）、燒酒（0.5杯）

1 糯米椒洗淨，晾乾至沒有水分，切成適合入口的長度，尾端都切掉一小口。

糯米也可選用紅辣椒或青陽辣椒。若是比糯米椒還大的辣椒品種，要醃超過20天～1個月，才能熟成入味。

2 鍋中加入醬油（1.5杯）、醋（0.5杯）、砂糖（0.5杯），一直攪拌到砂糖完全溶化，再加入燒酒（0.5杯）。

3 糯米椒裝入消毒過的玻璃瓶中，倒入剛剛的醃料醬油，蓋起蓋子等待熟成。

存放醃漬品的玻璃瓶要先以熱水消毒過並晾乾。裝瓶後先在常溫室內放置1天，再移到冰箱或陰涼處存放。

PLUS RECIPE

韓國媽媽親自傳授的《一日三餐》醃辣椒

#01

辣椒尾端切開小口，洋蔥切成容易入口的大小，一起放入甕中。

#02

水中加入醬油、醋與鹽煮開後，倒入甕中。

#03

將大石塊洗淨，放入甕中，讓辣椒能完全浸泡在醬汁中，靜置1週等待發酵。

完全沒有魚腥味的鯖魚料理

燉鯖魚

고등어조림

比起烤鯖魚，一般家庭中更容易做的鯖魚料理應該是燉鯖魚了。
因為不用擔心料理時油煙滿天飛與油花四處噴濺，
加上不會有魚腥味，想要吃魚時，燉鯖魚絕對是不二首選。

|2人份|

必備食材：鯖魚（1隻切段）、蘿蔔（250g）、洋蔥（半個）、蔥（10cm）**選擇性食材：**青陽辣椒（1根）、昆布（1片=10x10cm）**調味醬：**糖（1）＋辣椒粉（5）＋醬油（4）＋白帶魚醬（1）＋清酒（1）＋蒜末（1）＋薑末（0.3）＋胡椒粉（0.1）＋果糖（1）

1 鯖魚洗淨，去除水分。

處理魚類時，若內臟沒有去除乾淨或殘留血水，容易有腥味。如果不太會處理，建議購買已處理好的，可請店家去除頭尾和鰭、內臟後切塊備用。

2 調味醬均勻混合。

3 蘿蔔切厚片；洋蔥切4等份；蔥、辣椒切片，

4 鍋中放入水（1 ⅔杯）、昆布和蘿蔔，以中火煮滾後撈出昆布，加入½的調味醬熬煮。

5 待蘿蔔呈半透明狀態時，放入鯖魚和剩下的調味醬續煮約10分鐘，中間要適度加水，以免燒焦。

6 放入洋蔥再煮5分鐘後，加入蔥和辣椒煮3分鐘即可。

滋味肥美的全民海鮮 鯖魚

鯖魚可說是青背魚的代表，尤其在盛產的秋、冬季節，魚背上的青色會更有光澤感且魚肉極富彈性，鮮美無比。鯖魚富含人體必需的不飽和脂肪酸omega-3。能預防心血管疾病，幫助腦部開發的EPA和DHA都屬於omega-3脂肪酸。

讓魚料理更美味的祕密

魚類對身體好又好吃，不過腥味重，很多人不喜歡做魚料理。其實只要掌握幾個處理的祕訣，在家裡也能輕鬆做出美味魚料理。

Point 1 **挑選新鮮的魚**

挑選外表沒有碎掉、完整的。越新鮮的魚，魚肉彈性和光澤都越好，眼珠清澈，內臟沒有外露，鱗片更要牢牢黏附在魚皮上，鰓要呈現粉紅色，切塊斷面不能糊糊爛爛的。若買來的魚是冷凍後再解凍的，最好不要再冷凍保存，直接食用較佳。

Point 2 **料理不同，保留魚鮮美風味的方式也不同**

冷凍的魚建議直接放在冰箱冷藏室慢慢解凍，一定要完全解凍才能料理。在裡面結冰的狀態下料理，會造成外面的部分先熟透爛掉，等裡面煮熟要花費更多時間，也會流失風味。烤魚時，可先用鹽、大醬和醬油醃入味，有助去除腥味，還能讓魚肉更具彈性且不容易散掉。

有時會吃到帶有苦味和腥味的明太魚鍋，那因為魚的內臟和血塊沒有去除乾淨。苦味是因為膽，腥味是因為血。因此煮明太魚前要先泡水，去除內臟和血塊並徹底洗淨再煮。熬煮時要打開一半的鍋蓋讓腥味跑掉，魚的內部也較易煮熟。

煮鍋類或燉湯時，可添加能去除腥味的蔥、蒜、生薑、洋蔥、胡椒粉、辣椒粉等，最後加上茼蒿或芝麻葉等具辛香味的蔬菜，增添風味。如果要煮照燒鯖魚這類偏鹹料理，可先用洗米水泡10分鐘，可保留魚的風味並減少鹹味。

Point 3 **買回來要立刻處理乾淨**

魚類食材買回來後一定要先處理過才能放進冰箱保存，尤其是沒有除去內臟的魚，一定要先去除才不會殘留腥味。先在流動的水中將血水洗淨，然後以像海水般鹹的鹽水沖洗。已經切塊處理的魚，美味成分會從切面流失，一定要以鹽水沖洗過，瀝乾水分。

魚類接觸水分和空氣太久會產生腥味，要將水氣擦乾後密封再冷藏。如果要冷凍，一樣要完全擦乾水分，以保鮮膜包覆。如果是要烤的魚，可放在室內通風的地方風乾1天，這樣烤的時候魚肉不容易碎，而且會更美味。

Point 4 **不讓魚肉散掉的方法**

烤魚或煎魚前先灑上鹽，靜置15分鐘，將水分完全瀝乾。沾點麵粉或太白粉，魚肉比較不會散掉也不易沾鍋。烤之前先在魚肚上畫幾刀，較容易入味，烤時也不會因為魚皮收縮導致魚肉碎掉。無論使用平底鍋或鐵盤，都要等油鍋完全熱後才將魚放上去，否則容易燒焦。

如果要做糖醋或調味的烤魚，先簡單烤一下後再塗調味料，這樣裡面才會熟。白肉魚要從魚肉部位開始烤，如果是含油脂高的青色魚，則要從皮開始烤；蒸魚時要先灑上粗鹽靜置30分鐘，在蒸鍋上放蒸架、倒入熱水，將魚肉放上，這樣才能蒸掉不乾淨的雜質，讓魚肉變緊實；燉煮的魚時要等湯滾才放魚，魚肉才不會散掉。

餐桌上不可或缺的 海苔

烤得酥脆的海苔包起白飯，大口吃下——又鹹又香的滋味讓人不知不覺就能喀掉一整碗飯！從壽司用海苔到一般海苔，海苔的總類繁多，現在就來認識各式各樣的海苔。

• 入口即化又好吃的 一般海苔

對韓國人來說，海苔和泡菜是餐桌上少不了的食材。海苔又薄又軟，不只小孩子喜歡，牙齒較弱的老人家也很喜愛。雖然大家通常都買調味過的海苔，但買整片的海苔回來自己抹油烤，也別有一番滋味。烤海苔的油最好使用紫蘇油或芝麻油。已經調味好的海苔的缺點是放久油會凝固，不只會產生怪油味，且對健康不好，因此購買後最好盡快食用。

• 一般海苔＝傳統海苔？

以前所謂的傳統海苔是指在海灘上搭木架，將海苔一片一片用海風吹乾的傳統方式製作而成。隨著時代演變，海苔製作都由機器取代，現在的傳統海苔不再指用傳統方式製作的海苔，只是海苔的種類而已。雖然製作方法有所不同，不過海苔入口即化且又薄又好吃的獨特風味還是沒變。

• 風味獨特的 飯捲用海苔

在韓國被稱為郊遊便當代名詞的紫菜飯捲，在韓國大街小巷的小吃店都有販售。也因此，飯捲用的海苔在韓國一直是人氣不減。和一般海苔相比，紫菜飯捲是用多層海苔疊起來做成，較韌、較厚且略帶濕氣，才能包覆食材。如果有剩下的飯捲用海苔，也可火烤後沾醬油食用。

• 烤過才好吃的 石頭海苔

「晚才島篇」中，大家把從石頭上採下的海菜鋪好、晒乾成海苔，這種製作方式做成的海苔稱為「石頭海苔」，石頭海苔比一般海苔的洞隙較大且較粗糙，且容易在水中溶化，不適合放入湯中烹煮。未經調味時，可稍微火烤再沾醬油吃，雖然口感粗硬，不過香味獨特，尤其吃完後口中充滿餘香，受到很多人喜愛。

• 酥脆好吃的 裙帶芽

裙帶芽不是海帶，而是長得像海帶的一種褐藻，因為獨特的香氣而廣受喜愛，將海帶和裙帶芽以7：3比例做成的海苔更是受歡迎。裙帶芽具有特殊香氣，加上比較薄，做成海苔略烤後會更香更酥脆。來韓國旅遊的日本、中國觀光客很喜歡大量採購這種海苔。

Plus tip 比想像中複雜！將海苔烤得好吃的方法

必備食材 一般海苔（6片）、香油加白蘇油（3）、鹽（少許）

#01 先在海苔的一面均勻刷上油後，灑上鹽。

#02 層層疊起，靜置10分鐘，直接密封放到冰箱裡保存，要用時再拿出來烤。

#03 先以大火加熱平底鍋後轉小火，抓住海苔的一角放入鍋中，持續翻面烤到透出草綠色光澤。一次取多張疊一起烤才不易燒焦，海苔邊若捲起，可用湯匙壓住。

第 4 集

簡單到嚇人的湯麵美味

大醬刀切麵

장칼국수

《一日三餐》中出現的湯頭幾乎都是白湯，一直到第4集終於有了不同。
在刀切麵中加入辣椒醬和大醬做湯底，是韓國江原道的獨特吃法。
手工製作的麵條搭配獨特湯頭，讓大家驚豔得直呼有拉麵的味道呢！

|4人份|

必備食材：洋蔥（1.5個）、櫛瓜（1個）、蔥（40cm）**選擇性食材**：青辣椒（2根）、紅辣椒（1根）、烤過的海苔（3張）**刀切麵材料**：麵粉（揉麵糰用6杯＋添加用麵粉適量）、水（1 ⅓杯）**高湯材料**：水（3.5L）、小魚乾（1把）、洋蔥（1½個）、洋蔥皮（2個的分量）、蔥白（2根）、蘿蔔（¼個）**調味料**：大醬（3）、辣椒醬（1.5）、蒜末（1.5）

#01

麵粉中加水揉成麵糰，用塑膠袋包起來，醒麵30分鐘。

#02

鍋中放入水和小魚乾、蔥白、洋蔥外皮和蘿蔔，熬到湯水變為⅓時，將高湯材料撈出。

+ Cooking Tip

麵粉依蛋白質含量不同，黏度也不同，分為高筋、中筋和低筋麵粉。製作餃子皮、刀切麵及麵疙瘩都要使用中筋麵粉。想要黏一點也可使用糯米粉。揉麵糰時先加一點鹽和油，能讓麵糰更柔軟。本食譜的分量加鹽（0.5）和油（1）為佳。

#03

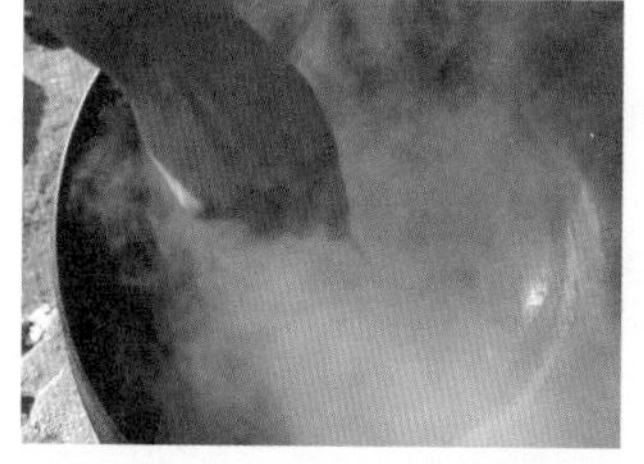

高湯中加入大醬（3）和辣椒醬（1.5）。

#04

將切好的洋蔥、櫛瓜、蔥、辣椒及蒜末（1.5）放入湯中熬煮。

#05

以桿麵棍將麵糰擀成片狀。

#06

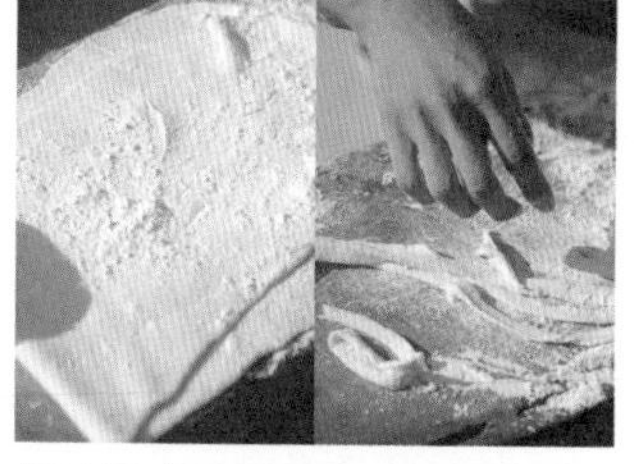

麵片疊成數層，切成適當寬度，灑上一點麵粉防沾黏。

#07

麵條放入湯中煮熟，盛入碗中，加上碎海苔即可。

+ Cooking Tip

《一日三餐》中做的大醬刀切麵湯頭較濃稠，如果想要清爽一點的湯頭，可另起一鍋清水煮麵，煮好後再淋上高湯。

親自捲起褲管抓的最佳野味

川蜷解酒湯

다슬기해장국

加了川蜷的解酒湯可說是旌善最具代表性的料理。
在《一日三餐》中是連殼一起下鍋煮。像節目中的眾人一樣，
喝一碗濃郁鮮甜的熱湯再小睡片刻，還有比這更幸福的事情嗎？

|4人份|

必備食材：蘿蔔（⅙個）、櫛瓜（⅔個）、小白菜（2把）、洋蔥（1個）、蔥（30cm）、川蜷（3.5杯）**選擇性食材：**青辣椒（1根）、紅辣椒（1根）**調味料：**鹽（0.5）、大醬（2.5）、蒜末（1）

#01

將蘿蔔、櫛瓜、小白菜與洋蔥切成容易入口的大小，蔥切小段，辣椒切片。

+ Cooking Tip

要放入湯中的蔬菜最好切成差不多的大小和形狀，口感和視覺感都較佳。切蔬菜從無色無味的蔬菜開始，最後才切深色、味道重的蔬菜，既衛生也不需要每切一次菜就洗一次砧板。

#02

小白菜放滾水（5杯）中加鹽（0.5）汆燙到軟，拿出以冷水沖洗一下，再加入大醬拌勻。

+ Cooking Tip

小白菜不汆燙易有葉菜類的苦澀味，最好先汆燙。因為會先拌入大醬調味，最後調味時要注意鹹淡。

#03

鍋中倒入水（5.5杯），放入川蜷煮滾後，放入大醬（0.5）與蘿蔔，煮滾後再放入剩下的蔬菜與剛剛拌過大醬的小白菜和蒜末（1），加鹽調味即可。

+ Cooking Tip

川蜷要互相搓洗才能洗去外殼沾附的髒東西，用洗米水或水中加點麵粉或大醬清洗，更能去除土味。川蜷汆燙後用牙籤戳住肉，再往外殼方向旋轉，就能輕易取出肉。以乾淨洗米水做湯底，湯頭更濃郁，最後打上蛋花、加點韭菜，味道就更完美了。

農田破壞者出動！

拌菠菜
시금치무침

在田裡摘菠菜時明明摘了一大堆，煮好上桌後菠菜居然大縮水？
像菠菜這類的葉菜類，只要氽燙就會大量縮水，記得準備食材時要多準備一些喔！

|4人份|

必備食材：菠菜（約3把＝一團）**調味料**：鹽（0.3）、蒜末（0.5）、香油（1.5）、大醬（1）

#01

菠菜洗淨後，以水（5杯）加鹽（0.3）汆燙，取出沖一下冷水。

#02

加入蒜末（0.5）、香油（1.5）和大醬（1）輕輕拌勻。

+ Cooking Tip

汆燙菠菜時一定要打開鍋蓋，不然菠菜會變黃，無法維持翠綠色澤。沖完冷水瀝乾時，不要擠得太乾，否則不僅不容易調味，口感還會變差。

以半湯匙湯用醬油取代大醬，口感更清爽。

PLUS RECIPE

手工壓榨 早安健康果汁아침에 주스

#01

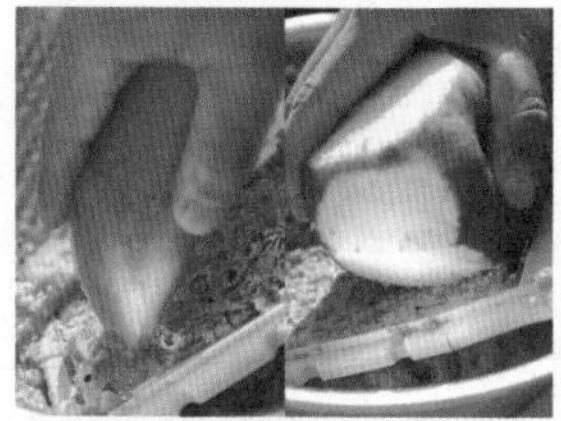

將蘋果、蘿蔔以研磨器或刨切器切成細絲。

#02

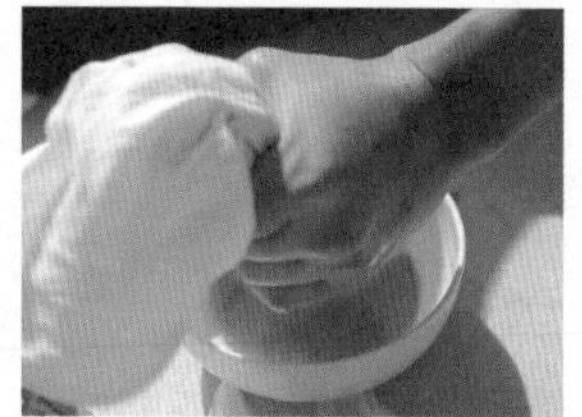

以棉布包覆後擠出汁。

湯頭鮮美得讓人回味無窮

蛤蜊刀切麵

바지락칼국수

如果要選出能刀切麵的代表菜單，擁有超鮮甜湯頭的蛤蜊刀切麵絕對是冠軍！
蛤蜊滋味鮮美，非常適合湯類料理。不吃蛤蜊肉的話，也可用小蛤蜊熬湯，依然鮮美！

|2人份|

必備食材：櫛瓜（⅓個）、蔥（15cm）、刀切麵（2把）**高湯材料：**小魚乾（10隻）、昆布（1塊=10*10cm）、蘿蔔（½根=75g）、蔥白（2根）、洋蔥（½個）、蛤蜊（3杯）**調味料：**鹽（0.3）、蒜末（0.5）、胡椒粉（少許）

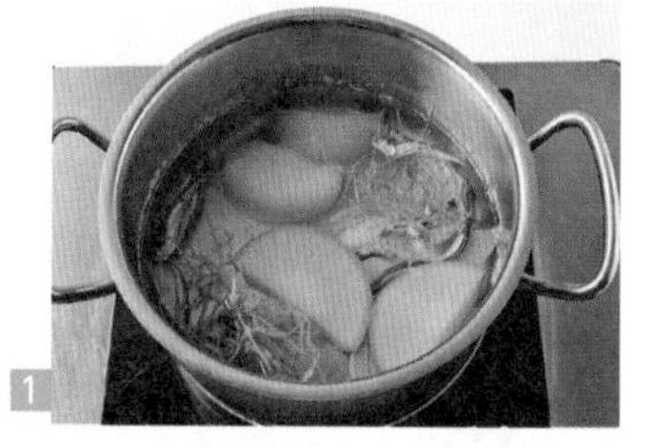

1 鍋中放入水（6杯）和除了蛤蜊外的高湯材料，中火煮開後撈出昆布，轉小火煮20分鐘。

2 熬煮高湯時，先將櫛瓜切細絲，蔥白切片。

3 將刀切麵稍微汆燙一下撈出備用。

一般市售刀切麵為了防止麵條沾黏，都會在表面灑上很多麵粉，直接放到湯裡煮會使湯底混濁，最好另外煮。

4 將熬高湯的食材撈出，放入蛤蜊，轉大火煮開。

5 煮滾後放入麵條、櫛瓜、蒜末（0.5）、鹽（0.3）與胡椒粉，再次煮滾。

蛤蜊開口後，可先撈出並取出肉，更方便食用。

6 最後放入蔥，再煮10秒即可。

ONE PINT
TWO CUPS
TWO CUPS
ONE PINT
ONE & ONE THIRD CUPS
TWO THIRDS CUP

營養均衡的早安果汁

番茄果菜汁

토마토케일주스

以番茄和香蕉為基底的果菜汁，美味得連喝不慣蔬果汁的人都能接受。不但熱量低又有飽足感，等身體慢慢能接受蔬菜汁的口味後，可慢慢增加羽衣甘藍的種類和分量。
除了番茄，也可加入蘋果。雖然《一日三餐》中是用刨削器研磨材料，
但直接使用果汁機能更仔細攪碎果粒，享用健康果汁。

|2人份|

必備食材：番茄（2個）、香蕉（1根）、羽衣甘藍（3片）**選擇性食材**：蜂蜜（適量）

1 番茄切成4～6等份。

2 香蕉去皮，切成片狀。

3 羽衣甘藍葉切段。

4 在果汁機中依序放入番茄、香蕉與羽衣甘藍，蓋上蓋子攪碎。依個人喜好適度加入蜂蜜調味。

為了讓果肉能充分攪碎，需要適度的水分。所以含水分較高的番茄先放，在攪碎的同時產生水分，讓果汁更均勻。想要稀一點可另外加水或優格。

1天1次，排毒蔬果汁

為了健康，想要每天來1杯製作方便蔬果汁，試試看以下的果汁食譜吧！不需三餐都喝果汁，也不用忍耐獨特的「菜味」，這些果汁都兼具營養與美味，一起用一杯果汁感受一下日益輕盈的身心吧！

• 能讓心情變好的早安果汁

柑橘果汁

眼皮和身體都覺得沉重的早上，就用果汁喚醒沉睡的身體！具酸味的水果做成清新感200%的果汁，不用果汁機也OK，用檸檬榨汁器就能榨出有豐富果肉的果汁。

必備食材 葡萄柚（1個）、柳橙（1個）、檸檬（半個）

1 葡萄柚、柳橙、檸檬各切成2等份。
★ 橫向對切才方便榨出果肉。
2 以檸檬榨汁器擠出果汁，均勻混合後放入冰箱冷藏。
★ 也可以手按壓擠出汁。

1

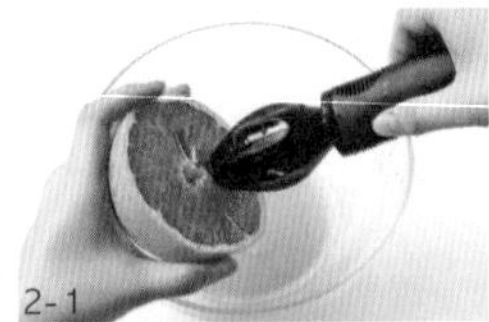
2-1

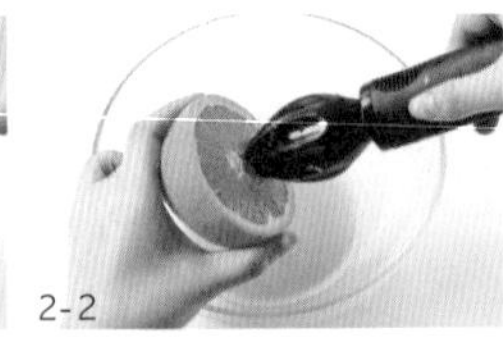
2-2

2-3

清血果汁

具消脂、清血作用的果汁，重點是要在早上空腹時飲用！能幫助腸胃活動、消除便祕並排除毒素。水果的香甜配上洋蔥與生薑獨特的濃郁味道，其實比想像中好入口。若怕味道太重，洋蔥和生薑可先汆燙過，或將分量減半。

必備食材 蘋果（1個＝200g）、橘子（半個＝100g）、紅蘿蔔（2個＝400g）、洋蔥末（1＝10g）、薑末（1＝10g）

1 紅蘿蔔削皮切小塊，蘋果洗淨去皮、切小塊，橘子只留果肉。
2 果汁機中加水（3），和所有食材一起攪碎。
★ 一點一點慢慢加水攪拌，直到達到想要的濃度為止。

• 襯托不凡品味，適合早午餐的果汁

無酒精青葡萄果汁

具夏季清涼感的雞尾酒果汁，一定要有清爽的薄荷和萊姆，搭配口感微刺的碳酸。再加上青葡萄，光是新鮮的翠綠色就讓人身心都舒暢起來。也可用奇異果、藍莓或蘋果代替。

必備食材 青葡萄（¼杯）、萊姆（1個）、薄荷葉（4小株）、紅糖（1）、冰塊（½杯）、碳酸水（⅔杯）
★ 萊姆可用檸檬取代；也可用雪碧取代碳酸水，不過不能再加糖。

1 青葡萄、萊姆對切，一半擠汁備用，剩下的一半切成薄片。
2 杯中放入萊姆汁（半個）與切成薄片的萊姆，加上薄荷葉（3株）、紅糖和碎的葡萄，以湯勺再次壓碎。
3 放入冰塊和碳酸水，再以剩下的薄荷葉（1株）裝飾。

1

2

3

• 有飽足感，適合當作晚餐的果汁

香蕉巧克力奶昔

運動後需要補充蛋白質，比起毫無味道的營養補充劑，不如來杯巧克力奶昔！在香濃的巧克力風味中加入豆漿和香蕉等蛋白質，富含不飽和脂肪酸的花生醬會讓奶昔香氣更濃郁。不加糖無負擔，還能取代晚餐食用。

必備食材 香蕉（1根）、豆漿（0.5杯）、無糖巧克力粉（1）、無糖鮮奶優格（2）、花生醬（2）
★ 無糖鮮奶優格也可用一般優格取代。

1 香蕉去皮，切成5等份，放入冰箱中冷凍備用。
2 所有材料放入果汁機中攪碎。

Plus tip 健康果汁好食材 小麥草

小麥草的熱量非常低，100g才17卡，富含膳食纖維，能幫助排出廢物。其實種植的方法也不難，如果要長期食用，也可以買種子回來種。將廚房紙巾沾濕後，把種子灑上，每天以噴霧加濕器噴濕即可。約2週就會發芽，如果天氣熱發芽會更快。將長出來的苗以剪刀剪下，包覆在沾濕的廚房紙巾中，放入塑膠袋冷藏保管即可。

Plus tip 特別推薦！羽衣甘藍

羽衣甘藍是黃綠色蔬菜中含β胡蘿蔔素非常高的蔬菜，抗癌效果優越，富含有益眼睛的維他命A、C、膳食纖維等，是對健康非常有益的超級食物之一。不過帶有較強苦味，適合和有甜味的蘋果、香蕉等水果一起打成果汁。

一日三餐
食譜
第 5 集

下雨淅瀝淅瀝，麵湯咕嚕咕嚕

麵疙瘩

수제비

下雨天時，總會想來一碗熱騰騰的湯麵料理。
不過對旌善的眾人來說，容易製作的麵疙瘩是更好的選擇。
雖然味道還不夠完美，卻已經讓大家大呼滿足，捨不得放下筷子了。

|2人份|

必備食材：麵粉（3kg包裝¼袋，約6 ⅘杯）、小魚乾（8隻）、南瓜（半個）、馬鈴薯（1個）、洋蔥（半個）、青辣椒（1根）、紅辣椒（1根）、雞蛋（1個）**調味料：**湯用醬油（適量）、蒜末（適量）、鹽（適量）

#01

麵粉中加水，揉成麵糰，靜置醒麵30分鐘。

+ Cooking Tip

節目中，李瑞鎮一直無法將麵糰的濃稠度調好，最大失誤就是麵粉量太多了。如果以2人份為基準，又要放入很多蔬菜，麵粉約1.5～2杯就足夠。水量約是麵粉的一半，要邊揉麵糰一邊慢慢加水，並視情況調整，只要麵糰變得黏呼呼、可揉成一團時就差不多了。為了不讓麵糰在醒麵過程中變乾硬，要用濕棉布或塑膠袋包起來靜置30分鐘，讓麵糰更Q彈。如果想吃偏軟的麵疙瘩，不要用手撕，直接將略濕的麵糊裝碗，以湯匙舀出適當的量放入湯中即可。

#02

滾水放入小魚乾，煮滾後撈出。

#03

將南瓜、馬鈴薯、洋蔥切好，辣椒切片備用。

+ Cooking Tip

南瓜和馬鈴薯要切成和麵疙瘩差不多大小，吃起來才方便。尤其是馬鈴薯煮湯時若切絲很容易煮碎爛。在高湯中放入蔬菜時，要從馬鈴薯開始，接著是南瓜、洋蔥，才能吃到食物最美味的口感。

#04

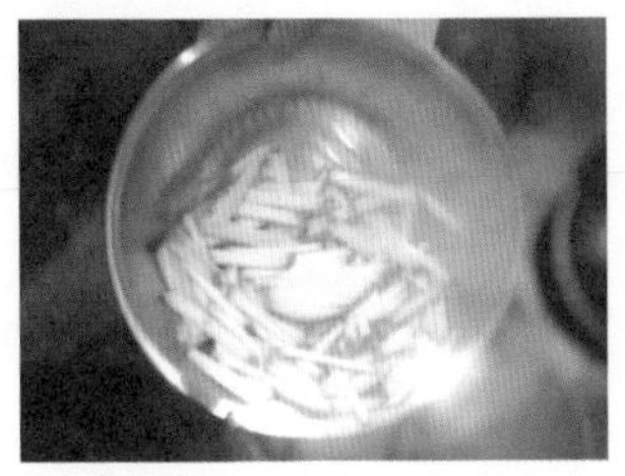

小魚乾高湯中放入蔬菜。

#05

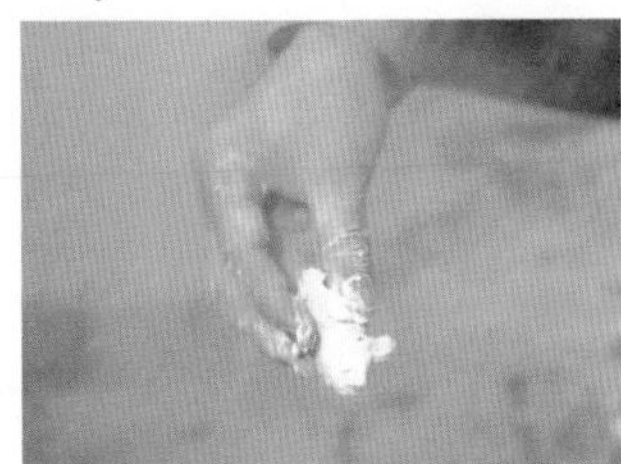

將麵糰隨意捏成一口大小，投入湯中煮熟。

#06

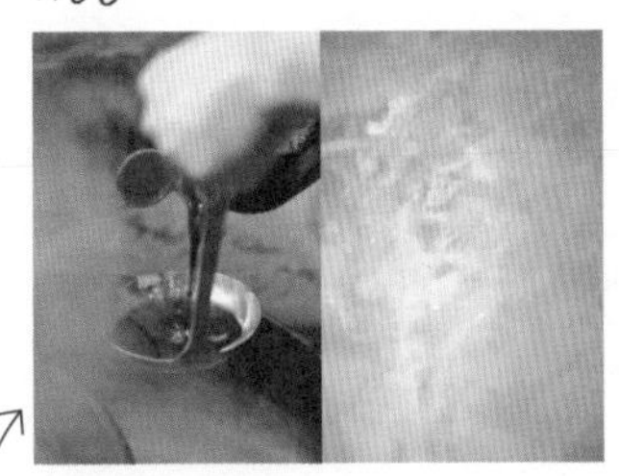

加入湯用醬油、蒜末和鹽調味，打個蛋花再略煮即可。

+ Cooking Tip

如果只用湯用醬油調味，湯會變混濁，最好搭配鹽一起使用。

只要一個雞蛋就超下飯

醬油雞蛋飯

간장달걀밥

明明沒什麼料，為什麼這麼好吃呢？再怎麼不愛做料理的人，只要煎個雞蛋和醬油、飯一起拌，就變成天下最美味的拌飯。若再灑上一點芝麻，連賣相都升級了呢！

|3人份|

必備食材：雞蛋（3個）、飯（3碗）

調味料：醬油（3）、香油（2.5）、芝麻（1.5）

#01

熱油鍋，煎荷包蛋。將熱呼呼的飯盛在大盆中，放上煎蛋。

#02

加入醬油（3）調味，再加香油（2.5）增添香氣，與飯均勻攪拌後，灑上芝麻，與海苔、醃蘿蔔一起上桌。

+ Cooking Tip

芝麻用手搓碎再灑上會更香。

這也很美味！
進階食譜
第 5 集

雨天就是要喝碗辣辣熱湯

泡菜麵疙瘩

김치수제비

下雨天或身體突然覺得冷時，來碗熱熱辣辣的泡菜麵疙瘩最棒了！
吃下肚就能感覺整個人從肚子開始變暖和，寒意消失無蹤。
富有嚼勁的麵疙瘩、鬆軟的馬鈴薯搭配清脆泡菜，創造出多層次口感！

|2人份|

必備食材：馬鈴薯（1個）、蔥（15cm）、泡菜（1.5杯）、泡菜湯汁（0.5杯）**麵糰材料：**鹽（0.2）、水（⅔杯）、麵粉（1.5杯）、油（1）**高湯材料：**小魚乾（15隻）、昆布（1片=15x15cm）、乾蝦仁（0.5杯）、蔥白（2個）、洋蔥（半個）**調味料：**小魚乾醬（0.5）、湯用醬油（0.5）、蒜末（0.5）、胡椒粉（少許）

1 將鹽（0.2）和水（⅔杯）混合後，倒入麵粉中揉麵糰。一直揉到看不到乾粉，放一點油再稍微揉一下後，以濕棉布或塑膠袋包覆，醒麵20～30分鐘。

做麵疙瘩的麵糰，麵粉和水的比例以2～2.5：1為佳。加一點油可讓麵糰更光滑，麵疙瘩煮熟口感更有嚼勁。也可用香油取代油。

2 鍋中放入水（5杯）與高湯材料，中火煮滾後轉小火熬煮15分鐘，撈出高湯材料。

3 馬鈴薯切成一口大小，蔥切片，泡菜切成一口大小。

4 高湯中加入泡菜湯汁，再放入泡菜與馬鈴薯，轉中火熬煮。

可根據個人喜好加一點辣椒粉。

5 當馬鈴薯和泡菜開始變透明時，將麵糰撕成一口大小放入。

6 放入小魚乾醬（0.5）、湯用醬油（0.5）、蒜末（0.5）、胡椒粉，等麵疙瘩熟透浮上湯面時，放入蔥即可。

熬高湯時加點小魚乾醬，湯頭更濃郁且口味較重，也可用明太魚乾和小魚乾熬高湯。此外，泡菜湯汁的鹹度也會影響湯的鹹度，調味時可根據個人喜好，適量加湯用醬油或鹽調味。

{ 一日三餐小祕方1 }

打造100分煎蛋的方法

煎蛋的種類就跟麵條種類一樣多。有人喜歡蛋黃全熟，也有人喜歡蛋黃不熟或半熟。煎蛋看似簡單，要煎得漂亮其實有點難度，一不小心翻面時就會戳破蛋黃，搞得醜醜的，現在一起來學各種不同的煎蛋吧！

完整又美味的 全熟煎蛋

連蛋黃也熟透的全熟煎蛋，雖然蛋黃有點乾，卻不油膩又美味。夾在三明治或漢堡中更能增添香氣，不用擔心蛋黃流出搞得髒兮兮。

How To

1 中火熱鍋，倒入油（1）。
2 蛋打入鍋中，想要更快熟，可用筷子將蛋黃戳破。
3 等下面熟了之後改小火，翻面煎到另一面也全熟即可。

好像輕輕一碰就會碎掉的 半熟荷包蛋

外面的蛋白是熟的，蛋黃卻像果凍般Q彈。半熟荷包蛋最常用在拌飯或炒飯上，讓蛋黃流出拌入米飯，味道更是一絕！不過雞蛋若沒有全熟，會有不易消化的蛋白質成分，建議小孩吃全熟蛋為佳。

How To

1 中火熱鍋，倒入油（1）。將蛋打入鍋中。
2 等下面熟了後改小火，在蛋白周圍灑上水（1），蓋上鍋蓋等5秒即可。

初學者也能成功的 歐姆蛋

將雞蛋、奶油和牛奶混合，倒入平底鍋中，以筷子攪動就搞定！失敗率超低！嫩嫩的歐姆蛋擺在白色餐盤上，加幾條熱狗就是完美的早午餐。還可將入口即化的歐姆蛋做成歐姆蛋捲。

材料 雞蛋（3個）、生奶油（3）、鹽（少許）、胡椒粉（少許）、奶油（1）

How To

1 將雞蛋、生奶油、鹽與胡椒粉一同打勻，以濾網過篩。
2 中火熱鍋，倒入油（1）後加入奶油（1）。奶油融化後，倒入蛋液。
3 雞蛋邊邊開始熟了之後，以筷子一邊攪動一邊煎熟即可。
若要做歐姆蛋捲，將蛋液均勻地倒在平底鍋上，不能有縫隙，轉小火後從邊邊熟的地方開始慢慢向內捲。

細緻柔滑的 蛋皮

想把蛋皮做得漂亮，關鍵就在火候。一定要用小火、有耐心的慢慢煎。切蛋絲時要放涼後再切，熱的時候很容易切斷。蛋皮可當作麵或飯的裝飾，或包在飯捲、蛋包飯中。

材料 雞蛋（1個）、鹽（少許）

How To

1 將蛋白和蛋黃分開，各自加鹽打勻。
蛋黃較乾，打勻時可加一點水，口感較嫩；蛋白以濾網過篩一次。
2 小火熱鍋，加油（1），油熱後用廚房紙巾將鍋底擦拭一遍。
3 倒入蛋黃，薄薄鋪一層，熟後翻面。
4 再倒入蛋白，薄薄鋪一層，熟後翻面即可。

一日三餐小祕方2

醬油 使用說明書

鹹香甘純的醬油，可說是讓料理美味更錦上添花的關鍵。
不過，面對賣場架上琳瑯滿目的醬油，是否感到不知所措、不知該如何選起呢？
以下特地為大家整理了挑選醬油的核心祕密！
醬油是將黃豆煮過做成醬油麴，再加鹽水使它熟成。隨著熟成時間不同，分成湯用醬油、濃醬油（一般醬油）。濃醬油又分為純釀造醬油、化學醬油與調配醬油。

熱呼呼的料理就要用 濃醬油！

以前所謂的濃醬油，是要以醬油麴熟成5年之久。最近的濃醬油多以化學配方製作，不需耗費那麼多時間，或是有的會採用自然釀造法發酵熟成6個月。以化學方法製作醬油始於日本，因此又稱日本醬油。濃醬油風味醇厚，特色是顏色濃，且較不鹹，可運用在各式各樣的料理中，特別適合燒烤、燉煮、快炒等各類加熱式料理。

用在這些料理上！

- 大口吃肉的燉排骨
- 小孩喜歡的醬牛肉
- 人人都愛的烤肉火鍋
- 又鹹又辣的炒章魚

湯料理當然要加 湯用醬油！

湯用醬油又稱朝鮮醬油，顏色較淡卻較鹹。一般用在湯、鍋與火鍋類料理，就像在拌蔬菜時加調味醬一樣，湯用醬油是最後一道步驟才加入調味用，醬油味不重，不會搶掉原本料理的美味。

用在這些料理上！

- 熱呼呼又爽口的牛肉蘿蔔湯
- 一口接一口的海帶湯
- 湯頭清爽的牛肉湯

濃醬油的代表 純釀造醬油

混合豆子、米與麥，發酵熟成6個月～1年所做出的純釀造醬油，因為是採用自然發酵法，因此價格較貴，不過醬油的風味更甘醇濃厚。可做為沾煎餅或生魚片的醬料，或燉煮、快炒等加熱料理。不過因為帶有甜味，較不常用在鍋類或湯類料理。

用在這些料理上！

- 柔嫩的涼拌蕨菜
- 甜甜鹹鹹的醬味炸雞
- 沾蒸海鮮的醃辣椒醬油

Plus tip 這種醬油也很美味！

- 適合口味清淡的病患和小孩：薄鹽醬油
- 適合韓式、西式料理：將純釀造醬油再經過一道燉煮程序做成的醬油露。
- 適合加入海鮮料理：魚露醬油。
- 以芝麻取代黃豆的芝麻醬油。
- 入水果和辛香蔬菜製成的調味醬油。

Plus tip 調味醬油DIY

試著自己做又鹹又甘醇的調味醬油吧！有了它，就算不加很多調味料，也能輕鬆讓美味加倍喔！

必備食材 檸檬（1個）、洋蔥（半個）、蒜頭（5片）、整顆胡椒（0.2）、乾燥香菇（2朵）、純釀造醬油（2杯）、清酒（⅙杯）、糖（0.5杯）

1 將檸檬與洋蔥切成大塊。
2 在鍋中放入水（0.5杯）、洋蔥、蒜頭與整顆的胡椒和乾香菇，以中火煮10分鐘。
3 加入剩下的其他材料，轉小火煮20～30分鐘。
4 熄火後放置一下，冷卻後過濾裝瓶。

一日三餐
食譜
第 6 集

賣相絕佳、不輸小吃店

辣炒水煮豬肉

제육볶음

《一日三餐》中，直接用大鍋炒豬肉的畫面讓人垂涎三尺！
在家裡可用寬一點的平底鍋取代大鐵鍋，跟著試試看！

| 3人份 |

必備材料：洋蔥（1個）、蔥（1根）、水煮豬肉（5杯）**選擇性材料：**紅蘿蔔（⅙根）**調味醬：**蒜末（2）＋醬油（2.5）＋辣椒醬（3.5）＋蜂蜜（4）＋香油（1.5）＋胡椒粉（0.2）

#01

洋蔥和紅蘿蔔切成粗絲；蔥切片；混合調味醬。

#02

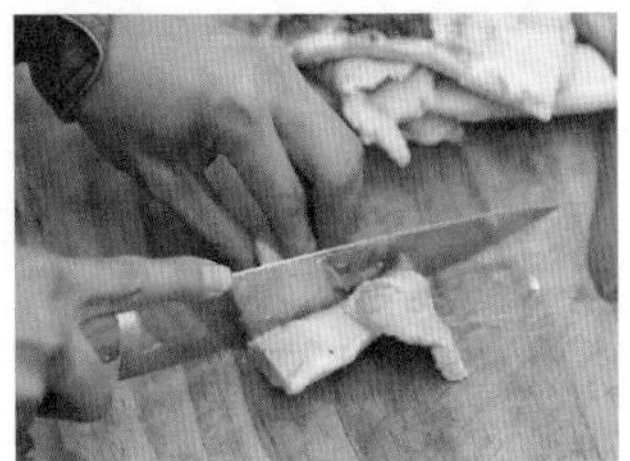

將水煮豬肉切成容易入口大小。

+ Cooking Tip

如果是用生豬肉，要先以生薑和清酒略醃，消除豬肉腥味，加上芝麻更好。

#03

豬肉放到調味醬中拌勻，醃30分鐘入味。

#04

熱油鍋，放入豬肉快炒。

+ Cooking Tip

先將蒜頭切片，在油鍋中爆香，再放入豬肉快炒，風味更迷人。也可加點辣椒油。

#05

放入蔬菜一起炒熟即可。

炸物的美麗新世界

炸雞

프라이드치킨

熱油鍋中滋滋作響的聲音誘人到不行，最受歡迎的炸物料理非炸雞莫屬啦！
《一日三餐》從無數次的錯誤中學習，終於得到了一個結論——
美味炸雞的關鍵在於溫度，快來看他們的親身嘗試心得！

|2隻雞分量|

必備材料：雞（2隻）、油炸粉（1.5杯）**雞肉醃料：**醬油（4）、糖（1.5）、胡椒粉（0.2）、蒜末（1.5）

#01

雞肉切小塊，加入醃料醃30分鐘。

+ Cooking Tip

雞肉如果切得太大、太厚會不容易熟，最好切小塊，且太厚的部分再用刀畫幾下。也可像節目中，買的時候就請店家幫忙去骨。雞肉在裹上炸衣前一定要先醃過，炸雞才會夠味好吃喔！

#02

鍋中放入足夠的油，加熱到170～180℃。

+ Cooking Tip

《一日三餐》中，一開始油溫太高而不小心把雞肉炸成木炭，且大塊的肉需要炸比較久才會熟，油溫太高就容易燒焦。當看到油開始冒煙，表示油溫已經過高，當務之急就是先熄火，讓油溫冷卻下來。可放入一點點麵糊試油溫，若麵糊立刻浮起，就是適當的溫度了。另外，易熟的蔬菜要用180～190℃的油快速油炸起鍋。

#03

在油炸粉中加冰水，調成麵糊。雞肉先沾乾的油炸粉，再沾麵糊，放入油鍋中炸至金黃色後撈出。

#04

將從田園裡摘來的蔬菜裹上剩下的麵糊，略炸後起鍋。

+ Cooking Tip

麵糊中放入冰塊調和後，因為與油的溫差很大，能將炸雞外皮炸得酥脆。要特別注意的是，如果有殘留的冰塊隨著雞肉進到油鍋，會因溫度差與水分而噴油，最好先將雞肉沾上乾粉後，再裹上麵糊。

健康百分百的一餐！

地瓜飯 & 烤鯖魚 & 雞蛋捲

고구마밥 & 고등어구이 & 달걀말이

一桌健康與美味兼具的料理——從田裡現摘的蔬菜、雞籠裡取來的新鮮雞蛋，用大自然給予的新鮮食材做出的料理，簡樸卻回味無窮！

| 4人份 |

地瓜飯材料：米（3杯）、地瓜（2個）**小菜材料：**鹽漬鯖魚（1隻）、雞蛋（3個）、鹽（0.2）、蔬菜丁（⅓杯）

#01

將米和水放入鍋中煮，再將地瓜削皮，切丁，放入正在煮的飯中。

+ Cooking Tip

米洗2～3次後，在水中浸泡30分鐘後再煮，煮出來的飯口感會比沒有浸泡過的好。煮飯加的水和米等量即可。一般家庭不像《一日三餐》是使用大鍋，大多是用電鍋或壓力鍋煮飯，所以不能像節目一樣煮到一半才放地瓜，可一開始就把地瓜和米一起煮。地瓜皮不一定要削掉，不過如果沒有去皮，當飯煮好要和地瓜拌在一起時，地瓜和飯就不容易黏在一起。

#02

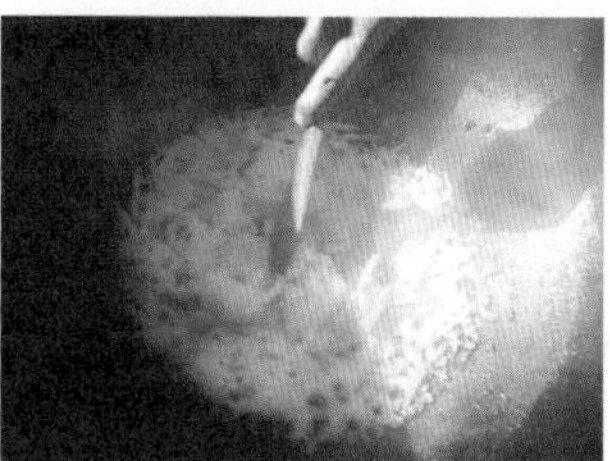

飯熟後，以飯勺輕輕攪拌，盛碗。

#03

將鯖魚洗淨、處理後，放到網子上烤到兩面呈金黃色。

#04

雞蛋中加鹽（0.2）打勻，放入蔬菜丁均勻混合。

#05

熱油鍋，倒入蛋液，煎至邊邊熟了後，慢慢捲成蛋捲即可。

當石磨咖啡遇上Jackson牌羊奶

Jackson牌拿鐵咖啡

잭슨표 카페라떼

Jackson的羊奶可說是旌善家人每日不可或缺的早餐食材，羊奶不只能做起司，
加入美式咖啡就立刻變成濃醇香的拿鐵！
我們的家裡雖然沒有Jackson，還是可以用一般的牛奶喔！

必備食材：炒過的咖啡豆（適量）、Jackson的羊奶（適量）
準備物品：石磨、棉布、濾紙、水壺和咖啡杯

#01

以石磨研磨咖啡豆。

#02

以棉布過濾羊奶後，倒入鍋中加熱殺菌。

+ Cooking Tip

牛奶煮太久易產生結塊，因此加熱到80℃要立刻降溫。以微波爐加熱時，可裝在耐熱容器中加熱1分30秒～2分鐘，不要讓牛奶表面產生一層膜為佳。

#03

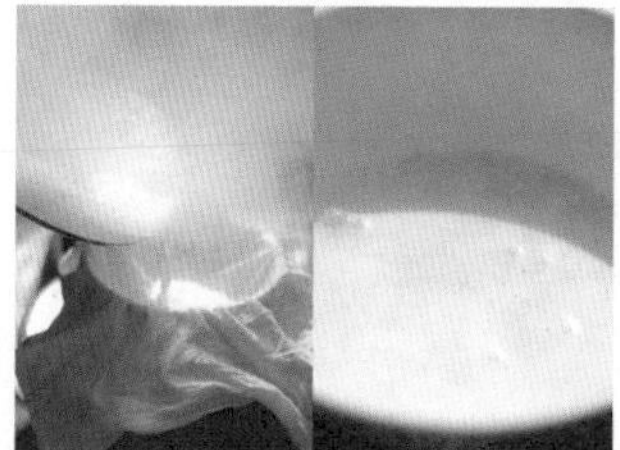

再次用棉布過濾羊奶。

#04

將咖啡粉包在棉布中，慢慢加入熱水。

+ Cooking Tip

因為還要加入羊奶，所以煮咖啡的水量不需太多，濃度可以高一點。

#05

咖啡倒入杯中，加入羊奶。

這也很美味！
進階食譜
第 6 集

韓式牛肉料理代表

燒牛肉

국물 불고기

說起最能代表韓國的豬肉料理當屬辣炒豬肉，最能代表韓國的牛肉料理就是燒牛肉了。這是一道有湯汁、超下飯的料理，大人、小孩都會迷上喔！

| 2人份 |

必備食材：燒肉用牛肉（200g）、洋蔥（半個）**選擇性材料：**金針菇（1把）**調味醬：**洋蔥（¼個）＋水梨（⅕個＝約60g）＋蒜（2瓣）＋蔥（10cm）＋紅糖（1）＋醬油（3）＋清酒（1）＋昆布高湯（0.5杯）

★昆布高湯是以水（0.5杯）加入昆布（1張＝5x5cm）熬10分鐘後撈出即可。使用時不需再加熱。

1 洋蔥切絲，金針菇去除蒂頭。

加大量洋蔥讓牛肉會更鮮甜，也可放牛蒡或其他菇類，菇類香氣很適合這道料理。

2 用果汁機將調味醬打勻。

3 燒肉用的牛肉要切薄片，以廚房紙巾輕輕按壓去除血水，放入裝調味醬的碗中醃20分鐘。

4 以中火熱鍋，放入醃好的牛肉，煮滾後放入洋蔥再煮滾。

這道料理有湯汁，建議用容量較深的鍋子直接熬煮，煮好可直接上桌，就能維持熱呼呼的狀態。

5 肉熟後，放上金針菇再煮10秒即可。

菇類不必煮太久，熄火後以餘熱煮熟即可。

韓式炸雞就是要「半半」雙拼！

醬味炸雞

간장프라이드치킨

韓式炸雞最吸引人之處就是可以一次享受到原味和醬味（偏甜或偏辣醬料）兩種不同的口味。
在家自己炸雞一點也不難，可以輕鬆享用美味！

| 1隻雞分量 |

必備食材： 雞（1隻＝約1.4kg）、油炸粉（⅔杯）**醃料：** 洋蔥泥（4）、蒜末（0.5）、鹽（0.3）、胡椒粉（0.2）

醬味醬： 糖（2）、醬油（2）、香油（2）、芝麻（2）、蔥末（15cm分量）

1 雞肉切塊，以清水洗淨、瀝乾。

2 洋蔥磨碎，與醃料混合，加入雞肉中攪拌，醃10分鐘，

磨碎的洋蔥可增加肉的香甜。調味的鹽不需太多，因為之後還要拌醬料。如果要做原味炸雞，可稍微加點鹽和胡椒。

3 加入油炸粉後拌勻。

本書省略繁複的裹粉步驟，直接使用油炸粉。

4 將油（5杯）加熱到170℃，依序放入雞肉塊，炸約4～5分鐘，變金黃為止。

5 在大盤子上鋪上紙巾，將炸雞平鋪放在上面吸油。

6 鍋中放入糖（2）、湯用醬油（2）以小火熬煮，糖完全溶化後，放入大碗，加入香油（2）和芝麻（2）與蔥末混合。

7 炸雞放入調味醬中均勻拌好。

炸雞可一半原味，另一半拌上醬料，就是經典「半半」雙拼！

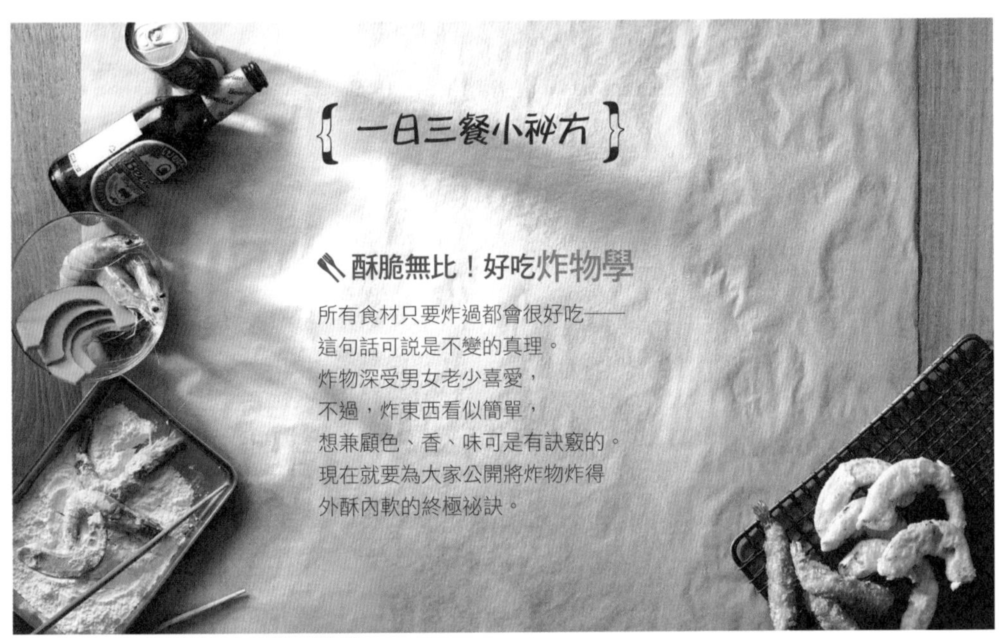

一日三餐小祕方

酥脆無比！好吃炸物學

所有食材只要炸過都會很好吃——
這句話可說是不變的真理。
炸物深受男女老少喜愛，
不過，炸東西看似簡單，
想兼顧色、香、味可是有訣竅的。
現在就要為大家公開將炸物炸得
外酥內軟的終極祕訣。

Point 1 基本中的基本——油怎麼挑？

廚房最少不了的食材就是油。從基本的大豆油到葡萄籽油、芥花籽油、橄欖油等，種類五花八門，要挑選出適合油炸的油，關鍵就在於加熱時，油開始冒煙的沸點。燃煙點越高，越能將炸物炸得酥脆，大豆油、葡萄籽油、芥花籽油就很適合。想做出像料理專賣店般又香又酥的炸物，也可加入一點香油，會更香酥。

BAD 橄欖油。

GOOD 葡萄籽油，芥花籽油。

EXCELLENT 根據油的香氣添加2～3匙香油。

Point 2 吸乾水分——放入油鍋不噴濺！

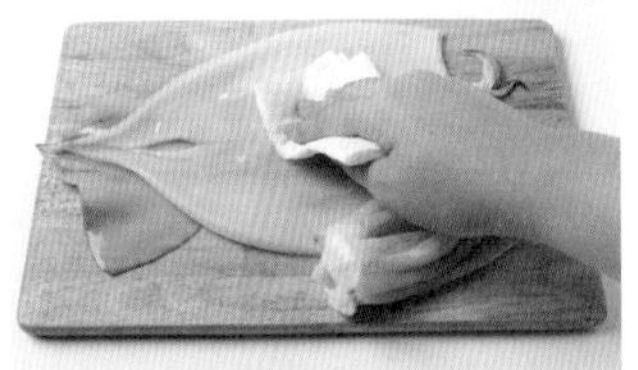

不知道大家在炸東西時，是否曾被噴濺出來的油攻擊過？或是把好吃的炸魷魚炸成爛爛的四不像？會造成上述情況，原因都在於水分！沒有完全去除水分的食材，進入高溫的油鍋中時，會造成熱油噴濺，甚至變得軟爛。因此，要炸水分含量高的蔬菜前，要先用廚房紙巾擦拭過，魷魚和蝦子尾扇的部分更要仔細按壓水分。沾麵衣時，要將麵衣仔細完整的包覆在食材上，防止熱油噴濺。

BAD 富含水分的食材。

GOOD 炸之前一定要先完整吸乾水分。

EXCELLENT 為防止油噴出來，麵衣要仔細裹好。

Point 3 酥脆麵衣的關鍵——麵糊調製有祕方！

想炸出酥脆炸物，正確的料理順序是必須的。當麵粉遇到水時，會形成叫「麩質」的黏膩蛋白質成分，麩質會抓住水分，讓炸物不酥脆。減少麩質的方法有三：第一，攪拌越少越好，因為越攪拌麩質成分會越強。先將雞蛋加冷水打勻，放入麵粉後稍微攪一下即可；第二，降低溫度。因為溫度越高越有利麩質產生，因此調麵糊時最好用冷水或冰塊；第三，炸之前才調麵糊。如果麵糊太早調好，麩質會變強，讓炸物會變得濕潤。雖然在麵糊中看到白白的麵粉會覺得沒有調勻，不過那並不影響料理，也更能炸出酥脆的炸物喔！

BAD 光用目測，把所有調麵糊的材料胡亂攪拌一通。

GOOD 先將蛋打勻，麵粉過篩後加入，適當攪拌至不結塊的狀態。

EXCELLENT 放入冰塊調製冰的麵糊，炸之前才裹上麵衣。

Point 4 根據要炸的食材設定油溫！

站在熱呼呼的油鍋前，很多人會想趕快把所有食材一次丟下去炸好，但根據食材的不同，適合的油溫也不同，不能超過一定的溫度上限，也不要一次把一堆食材丟入鍋中，放入的食材最多不能超過鍋子的⅔，至少否則容易炸失敗。

蔬菜類：切大塊以160℃～170℃為佳；切成長條狀要用190℃～200℃的高溫快速油炸。

蝦子與魷魚等海鮮類：170℃～180℃。

雞、豬等肉類：第一次以170℃～180℃炸熟，再提高到180℃～200℃炸第二次，將外皮炸酥脆，才能外酥內多汁。

BAD 將所有食材一股腦丟進油鍋中。

GOOD 根據食材大小與種類，分別放入油鍋中炸。

EXCELLENT 小量、分次炸，肉類要炸兩次。

Plus tip 測量油炸溫度

沒有油溫計，也可用其他方法約略掌握油的溫度。

放入要炸的食材約4～5秒，食材就會浮起；或插入竹筷4～5秒後，筷子周邊會產生泡泡。

放入要炸的食材約2～3秒，食材就會浮起；或插入竹筷2～3秒後，筷子周邊會產生小泡泡。

放入要炸的食材後會立刻浮起；或插入竹筷1～2秒內，筷子周邊會產生小泡泡。

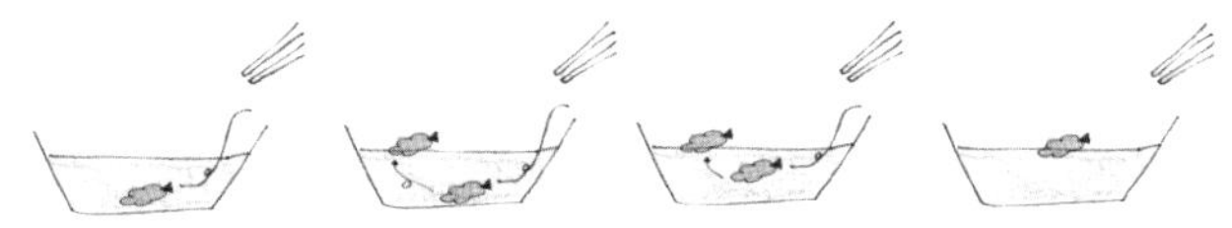

家常韓式小煎餅

蛋煎火腿 & 豆腐 & 櫛瓜

소시지 & 두부 & 호박 달걀부침

韓國人在祭祀時，最常製作蛋煎小煎餅，只要將韓國小孩最愛的火腿、櫛瓜和豆腐等食材沾上蛋液煎熟就完成了，非常方便，而且一次就可以完成很多樣配菜喔。

| 4人份 |

必備食材：雞蛋（3個）、火腿（1杯）、櫛瓜（¼根）、豆腐（半塊）、麵粉（0.5杯）**調味料：**鹽（0.1）、胡椒粉（少許）

#01

將雞蛋打成蛋液後，加入鹽（0.1）與胡椒粉調味。

+ Cooking Tip

打蛋液前加入少許鹽，能更快打勻。

#02

火腿、櫛瓜、豆腐切成厚片狀。

+ Cooking Tip

豆腐和櫛瓜水分較多，煎時容易讓蛋皮變濕潤，煎之前加少許鹽在蛋液中，可減少外皮變濕的情況。

#03

在平底鍋中放入油，將食材先沾麵粉再沾蛋液後，放入鍋中煎成金黃色即可。

+ Cooking Tip

沾取蛋液前要先沾一次乾粉（麵粉或米粉），煎的時候蛋衣才不易脫落。火腿可不沾乾粉，直接沾蛋液煎。一定要等鍋裡的油熱才下鍋，不然容易沾鍋。

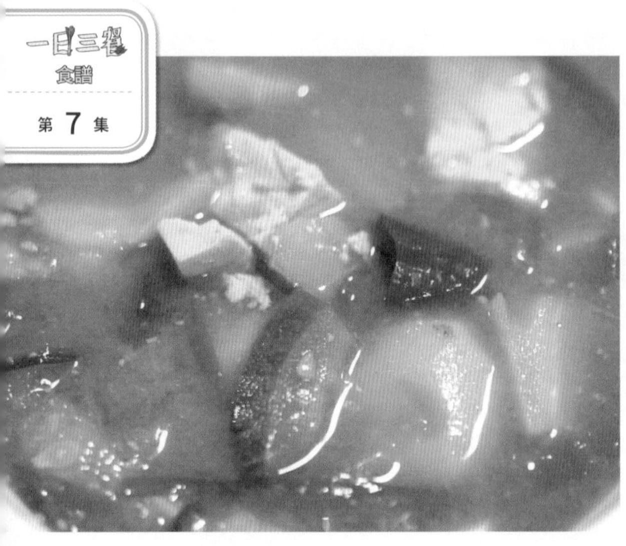

百吃不膩的好滋味

大醬鍋 & 大醬沾醬配蔬菜

된장찌개와 쌈장 & 쌈채소

大醬鍋是《一日三餐》桌上的常客，使用不同蔬菜，就可隨心所欲做出各種口味變化，真是怎麼做都好吃、怎麼吃都吃不膩的韓式家常料理！

|4人份|

必備食材：馬鈴薯（1個）、洋蔥（1個）、櫛瓜（¼根）、豆腐（半塊）、紅辣椒（1根）、生菜（白菜、萵苣、芝麻葉等，適量）**選擇性材料：**小魚乾（15隻）、韭菜（½把）**調味料：**大醬（2）**沾醬：**大醬（2）、辣椒醬（2）、香油（1.5）、蒜末（1）

#01

去皮馬鈴薯和洋蔥、櫛瓜、豆腐切成一口大小，韭菜以6cm切段，辣椒切片。

#02

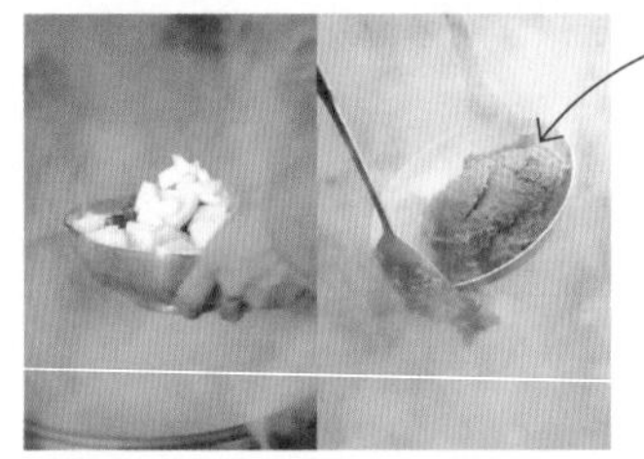

大鍋中倒入水（5杯）與小魚乾熬高湯，加入大醬（2）均勻攪拌，放入蔬菜、豆腐。試一下鹹淡，不夠鹹可再加一點大醬調味。

+ Cooking Tip

小魚乾去除內臟再使用。大醬鍋裡的蔬菜要先放不易熟的，之後才放容易熟的，豆腐最後放。

#03

大醬和辣椒醬以1：1混合，加入香油（1.5）、蒜末（1）拌勻，做成沾醬。

#04

將從田裡摘來的蔬菜洗淨後瀝乾。

簡單卻不平凡的美味

蘿蔔葉大醬湯

시래기된장국

《一日三餐》中這道蘿蔔葉大醬湯，雖然只放了大醬與蘿蔔葉，卻讓所有人都食指大動、讚不絕口！畢竟是自己認真晒的蘿蔔葉，加上鄉下手作大醬創造出獨一無二的好滋味，再來一碗有焦香鍋巴味的白飯，幸福不過如此！

| 6人份 |

必備食材：蘿蔔葉（中等大小1把）**調味料**：大醬（1大勺=約5湯匙）

#01

前一夜先將蘿蔔葉菜乾泡在水中，隔天以剪刀剪成容易入口的長度。

#02

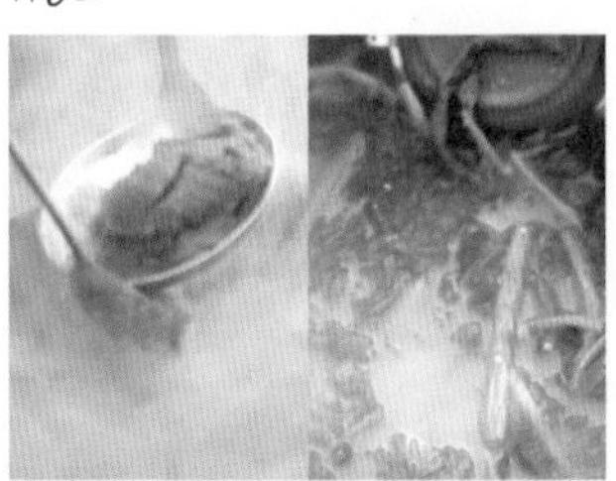

在滾水（10杯）中放入大醬，攪拌均勻後放入蘿蔔葉煮滾即可。

+ Cooking Tip

晒乾的蘿蔔葉要泡水變軟需要一定的時間，但這個步驟不能省略。等菜乾泡水變軟後再煮，菜乾的美味才能完整呈現。

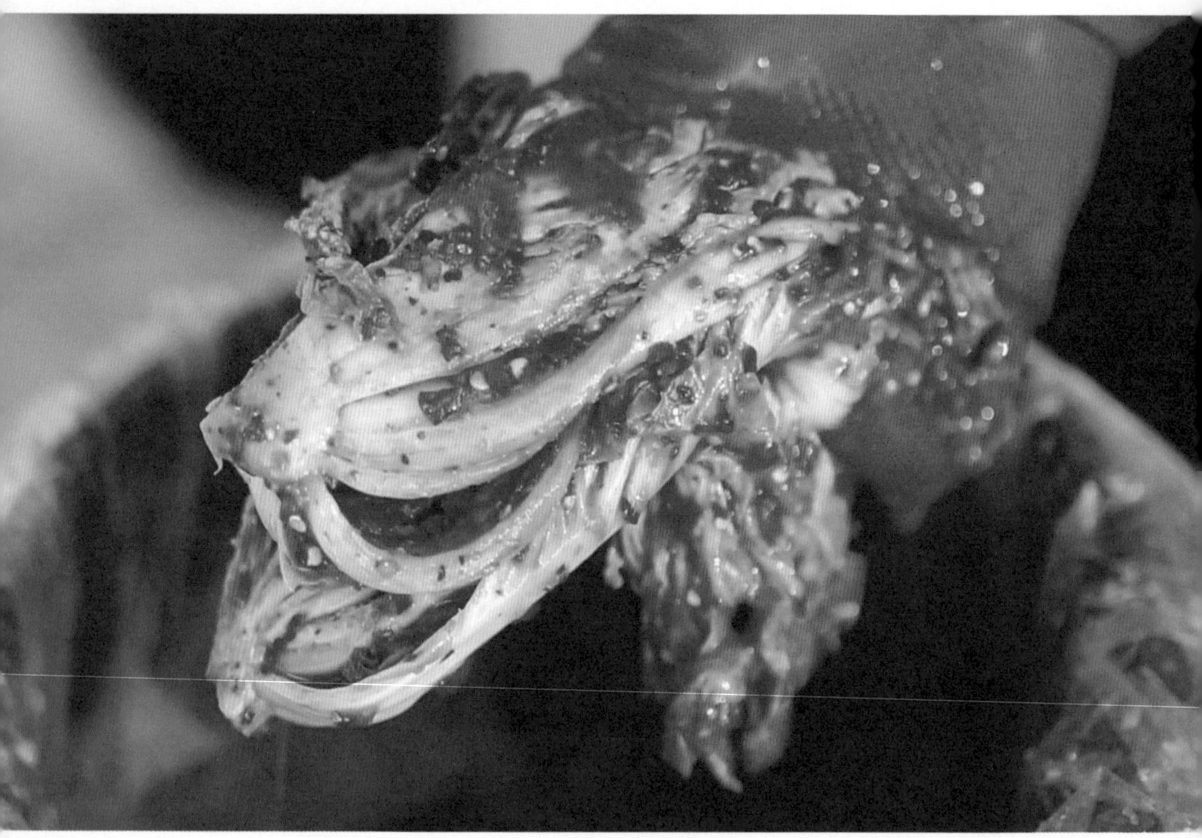

在旌善第一次動手醃泡菜

泡菜

김치

不會醃泡菜的旌善哥倆好，終於遇到了泡菜好手——韓流明星崔智友。
從準備醃泡菜的材料、調味到最重要的醃製都一手包辦。
雖然現在到處都能買到泡菜，不過想要吃清爽又健康的泡菜，自己動手做還是最棒的。

| 白菜10kg分量 |

必備食材：白菜（10kg＝約4顆）、蘿蔔（2kg）、蔥（200g）**醃白菜材料**：天然粗鹽（4杯）、水（20杯）**泡菜醃料**：辣椒粉（4杯）、糖（2）、小魚乾醬（1⅓杯）、蝦醬（1⅓杯）、糯米糊（3杯）、蘋果泥（1杯）、洋蔥泥（0.5杯）、蒜末（1⅓杯）、薑末（4）

★本食譜食材分量以10公斤白菜為準，和節目略有不同，大家也可依喜好調整。

事前準備

#01

從白菜田中採收飽滿的白菜，根據大小不同對切或切成4等份。

#02

摘除外面過老的葉子，在能完全淹過白菜的水中上下搖晃洗淨，放入15%濃度的鹽水中浸泡，根部再灑上一點鹽幫助軟化。

+ Cooking Tip

醃白菜最好用天然粗鹽，白菜才不會變老且能維持清脆口感。灑鹽巴時要大範圍的均勻灑上。

正式醃泡菜

#01

將泡過鹽水的泡菜在清水中清洗2～3次；攪碎乾辣椒，以濾網篩出細緻的辣椒粉。

#02

蘿蔔與紅蘿蔔切絲；蔥切段；生薑和蒜頭切碎；洋蔥和水梨以刨絲器刨絲。

+ Cooking Tip

鹽水醃的白菜一定要用清水洗過才不會太鹹，還能洗去外表不必要的鹽分，洗過後放在平臺上將水分完全瀝乾後，再拌上調味醬，之後才不會出水。辣椒乾可直接用食物處理機攪碎。

#03

大鍋中放入辣椒粉、小魚乾醬、蝦醬、處理好的洋蔥、水梨、蒜末與薑末等，做成調味醬，再加入切好的蘿蔔、紅蘿蔔與蔥段。

#04

試一下味道，適量加一點果糖，確認口味之後，將做出的泡菜醃料一層一層均勻抹在白菜葉中。注意白菜一定要沒有水分。

+ Cooking Tip

泡菜餡的鹹淡關係到泡菜的口味，要讓泡菜餡能均勻塗抹在葉片上，才會更入味。如果太稠，此時再加蝦醬會更鹹，可加一點醃白菜的鹽水；若太稀可加辣椒粉調整濃度。

#05

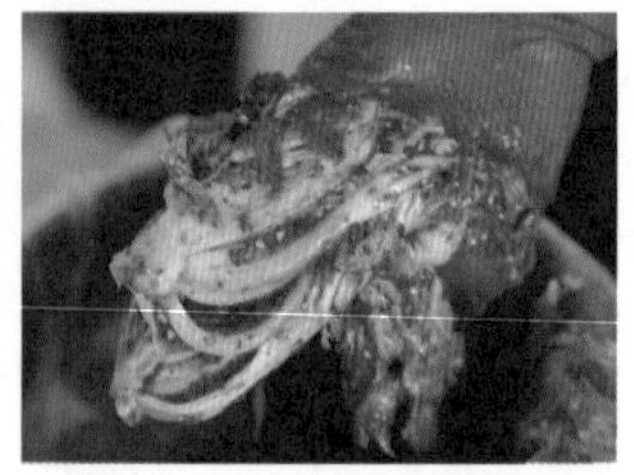

小塊、較不完整的泡菜另外留下，大塊的泡菜一個個鋪放到泡菜桶中。

#06

將剩下的泡菜餡與泡菜放入大碗中，加入鮮蚵拌一下，可搭配水煮肉一起吃。

醃泡菜的日子絕對少不了！

水煮肉

수육

每年冬天，韓國人的重頭戲就是為了過冬準備醃泡菜，而在醃泡菜的日子，絕對少不了的美味就是水煮肉。水煮肉做法簡單，搭配泡菜一起吃更是人間美味！趕快一起學這道讓花漾爺爺們讚不絕口的料理！

| 4人份 |

必備食材：豬肉（800g）**煮肉材料**：罐裝啤酒（1瓶）、洋蔥（1個）、蔥（3根）、蒜頭（5瓣）、青陽辣椒（1根）

#01

大鍋中放入完全淹過肉的水，加入啤酒、洋蔥、蔥、蒜頭、青陽辣椒等辛香食材熬煮，消除肉腥味。

#02

豬肉持續熬煮至少1小時，以筷子戳入，確認不會有血水流出後撈出。

+ Cooking Tip

想把豬肉煮得軟嫩，絕對不能像熬高湯那樣，一開始就把豬肉丟入冷水中煮。《一日三餐》中放入啤酒、蒜頭和辣椒去腥，也可加生薑、清酒、胡椒粒、月桂葉、咖啡與大醬等，大醬還能使肉變得軟嫩可口喔！

#03

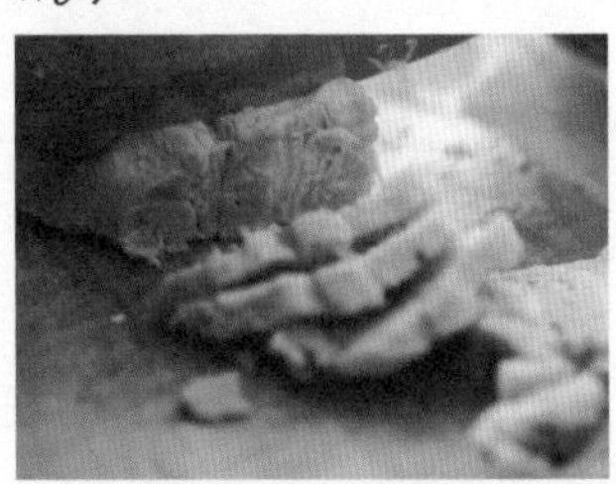

將水煮肉切成適合入口的大小即可。

這也很美味！
進階食譜
第 7 集

懷舊好滋味

古早味韓式便當

추억의 도시락

韓國學生一定吃過的菜色！看似平凡無奇的簡單便當，把盒蓋蓋緊用力搖晃後，就變成韓國電視節目中常看到的搖搖便當，到韓國旅行時一定看過吧？因為是韓國家常料理，選用的食材都很簡單，只要把火腿煎得金黃，加上爽口泡菜，就能享受韓式古早味囉！

| 1人份 |

必備食材：火腿（約5片分量）、泡菜（1杯）、雞蛋（2個）、麵粉（⅓杯）、飯（1碗）**調味醬：**鹽（少許）、香油（1）、辣椒醬（0.5）、果糖（1）、芝麻（0.3）

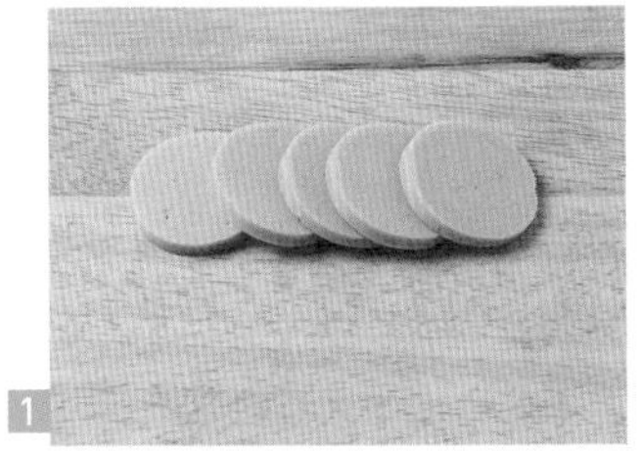

1 火腿切片，厚度為0.5cm。

2 泡菜切成容易入口的大小。

3 蛋（1個）加鹽，打成蛋液。

4 將油（2）倒入平底鍋中，火腿先沾麵粉再沾蛋液，放入平底鍋煎成金黃色，平底鍋的另一邊可以煎雞蛋（1），煎好灑一點鹽。

5 用剛剛煎火腿的平底鍋加入香油（1），放入泡菜和辣椒醬（0.5）以中火慢慢拌炒，炒到泡菜變軟後加入果糖（1）再拌炒一下。

6 米飯放入便當盒中，再放入火腿、雞蛋和炒好的泡菜，灑上芝麻（0.3）即可。

鄉村飯桌上的代表小菜

燉菜乾

시래기지짐

想品嘗道地的韓式鄉村小菜，不需到遙遠的韓國，只要有菜乾就可以了！
菜乾常用蘿蔔纓或白菜葉，經過一季晒乾後做成，
在賣韓國蔬果的地方或韓國街也能買到現成的。

| 2人份 |

必備食材：汆燙過的蘿蔔纓菜乾（1 ½把）選擇性食材：青辣椒（½根）、紅辣椒（½根）**高湯材料**：小魚乾（8隻）、昆布（1張=10╳10cm）**調味料**：芝麻（0.5）、香油（1）**調味醬**：辣椒粉（1）＋小魚乾醬（0.5）＋蒜末（1）＋蔥末（2）＋大醬（1）＋辣椒醬（0.3）

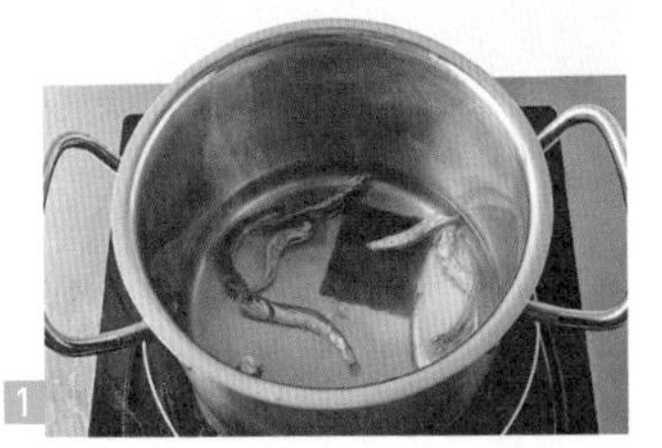

1 鍋中放入水（2杯）和高湯材料，以中火熬至湯水縮少到一半，再撈出熬高湯食材。

適合燉菜乾的高湯是昆布小魚乾高湯，口感清新鮮美，也可用洗米水讓湯頭更濃郁。

2 將煮過的菜乾切成2～3等份好入口的大小，辣椒切片。

3 調出調味醬再與菜乾拌勻。

為了讓菜乾入味，要先拌入調味醬，再加高湯中熬煮。

4 在高湯中放入調味好的菜乾，煮開後轉中火再煮10分鐘，放入辣椒再煮1分鐘。

5 熄火後裝盤，灑上芝麻（0.5）和香油（1）拌勻。

一日三餐健康食材

歷久彌新的風味 菜乾

蘿蔔纓做成的菜乾不僅口感獨特、擁有特殊香氣，且富含膳食纖維，營養價值極高。以前的年代食物匱乏，在沒有新鮮蔬菜的冬季常被當作主要蔬菜，現在則是韓國人一年四季都喜愛的家常食材。

Point 1 製作蘿蔔纓菜乾

將蘿蔔纓從蘿蔔蒂頭上切下、風乾即可。風乾蘿蔔纓需要在陽光和風都充足的地方，持續風乾1個禮拜，也可先將蘿蔔纓汆燙後再風乾，能減少風乾所需時間。

Point 2 蘿蔔纓菜乾的用法

在韓國，蘿蔔纓菜乾、蕨菜乾與馬蹄菜乾等大多以風乾形式販售，常被運用在湯、涼拌、燉、炒與鍋類料理中。因為菜乾香氣濃且帶苦味、韌性高，處理相當耗時。要先泡水半天，再以滾水汆燙，需煮滾到完全變柔軟後再熄火、放涼，接著在冷水中沖洗2～3次後瀝乾，這樣處理過的菜乾會更柔軟好吃。沒有用到的菜乾可裝在塑膠袋中冷藏，或汆燙後冷凍保存。

而南瓜、茄子與蘿蔔等根莖類蔬菜乾，只要在微溫的水中浸泡20～30分鐘後即可使用。

Point 3 將葉子風乾的好處

含有膳食纖維、維他命與礦物質的蔬菜，透過水分蒸發，與陽光合成新的營養素，比新鮮狀態含有更豐富的無機質與膳食纖維。而且風乾後便於保存，就算不是葉菜類盛產的春夏時節，也能吃到營養價值豐富的蔬菜，咀嚼的口感和風味都很棒。蘿蔔纓含有豐富的維他命A、B、C及礦物質，能幫助強化免疫力；也富含鐵與鈣，對骨質疏鬆症的老人或發育期的青少年來說是很棒的食物。豐富的膳食纖維更能預防便祕與糖尿病等。

Plus tip *加上調味醬拌著吃就是人間美味的蘿蔔纓菜飯*

想感受蘿蔔纓菜乾原始的美味，沒有比白飯更適合的了！怕麻煩的人只要將材料統統丟進飯鍋煮熟就搞定。別忘了用以下調味醬拌來吃，美味加倍！

|2人份|

必備食材 汆燙過的蘿蔔纓菜乾（1把）、泡過的米（2杯）
選擇性食材 蔥（2株）、紅辣椒（半個）
調味料 湯用醬油（1）、蒜末（0.5）、香油（1）
調味醬 辣椒粉（0.5）＋醬油（3）＋香油（1）＋芝麻（0.5）

1 將蔥和紅辣椒切好，與調味醬的材料均勻混合。
2 將煮過的菜乾切成容易入口的大小，加上湯用醬油（1）和蒜末（0.5）拌勻。
3 鍋中加入香油（1），先拌炒泡過的米，再放入調味的菜乾一起炒，
4 米開始變透明時，加入水（0.5杯）並蓋上蓋子，用大火煮。
5 煮滾後轉小火煮15分鐘，熄火後續燜5～10分鐘即可。

人氣街頭小吃，買不到就自己做吧！

糖餅

호떡

糖餅是韓國冬季特有的季節小吃，不是冬季時想吃也買不到，如果看了韓國綜藝節目，真的想吃到口水直流，市面上也有販售半成品可以買回家自己動手做！剛煎好、熱呼呼的糖餅，一口咬下這甜蜜滋味，說不定會讓你想開一家糖餅舖呢！

| 4人份 |

必備食材：糖餅粉（1包）、酵母粉（1包）、糖粉（1包）

★韓國超市販售的糖餅材料都是以上3種材料為一組。

#01

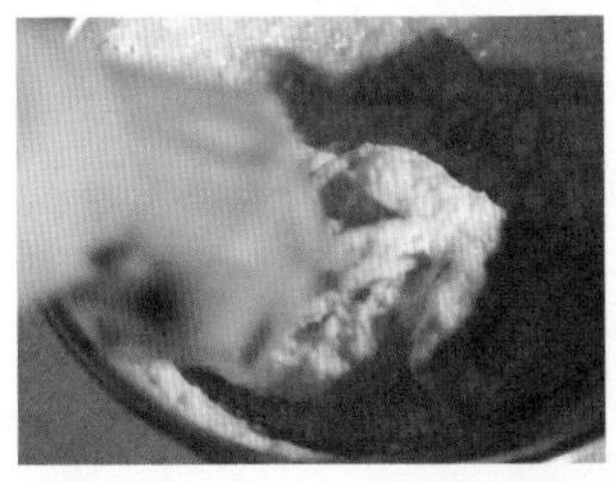

糖餅粉中加入酵母粉，再加40~45℃溫水，均勻混合成麵糊。

#02

在手上抹一些食用油，將麵糰捏成圓形，中間包入糖粉後捏起來。

+ Cooking Tip

除了糖粉，內餡還可加入3～4湯匙的花生、南瓜籽或杏仁等堅果，口感更豐富。

#03

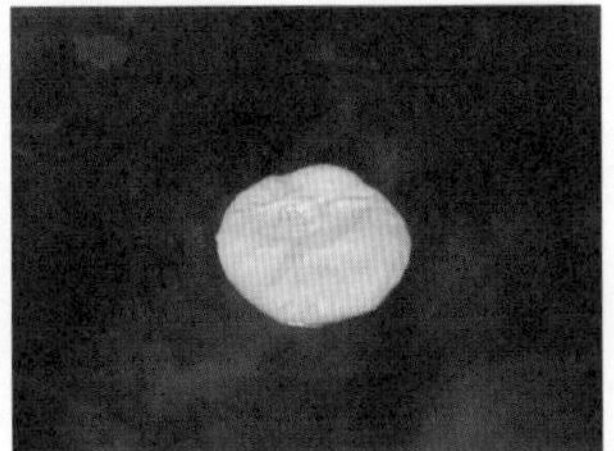

熱油鍋，將糖餅放下去煎。

#04

底部煎得金黃後，以鍋蓋或是小盤子將糖餅壓扁一點，之後再翻面煎成金黃色。

煎糖餅時收口部分朝下，較不易沾黏。

數十年煮拉麵功力盡出！

海鮮拉麵

해물라면

韓國人對拉麵的熱愛毋庸置疑，尤其是當很晚回到家、筋疲力盡時，來碗熱呼呼的拉麵是韓國人的小確幸。對《一日三餐》這群大男人來說，拉麵更是他們偶爾放下農作田園生活、忙裡偷閒的一大享受！不妨暫時將健康及減肥等念頭拋諸腦後，和親朋好友一起享受一碗拉麵，分享彼此的心情，享受難得的時光吧！

|4人份|

必備食材：拉麵（4包）、蛤蜊（適量）、花蟹（1隻）、蔥（1根）

+ Cooking Tip

一包拉麵約加500～600cc的水。

#01

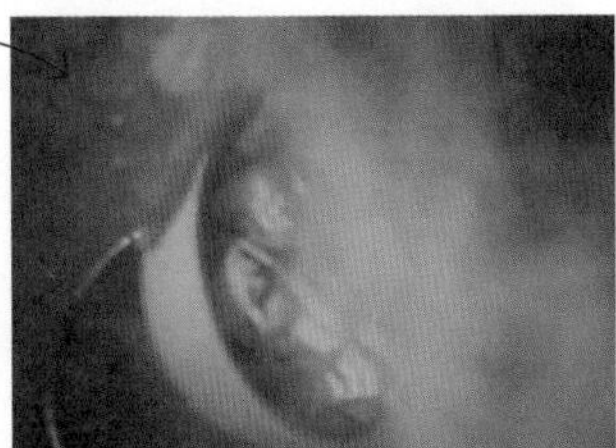

鍋中加水煮滾後，放入蛤蜊和花蟹。

#02

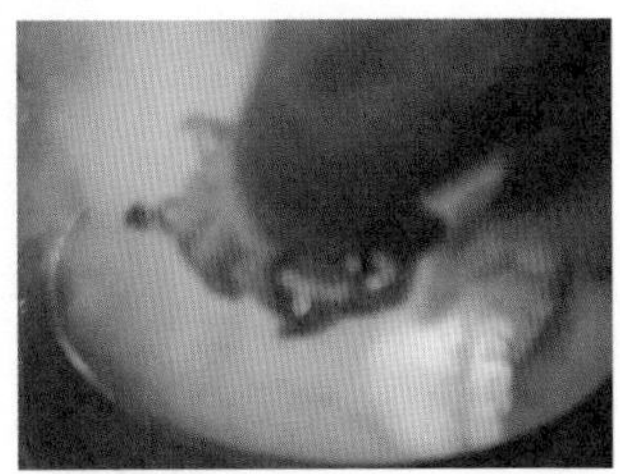

再度煮滾後，將拉麵折半放入鍋中，加入調味粉。

#03

放入切段的蔥，一邊攪拌拉麵，待麵煮軟後即可熄火。

令人垂涎三尺的健康早餐

雞蛋吐司 & 烤地瓜

달걀토스트 & 군고구마

相信很多人早上喜歡吃麵包更勝過吃飯吧？《一日三餐》的某個早晨，一整桌令人垂涎三尺的香噴噴金黃色吐司，不需要花時間做飯，很快就能完成，搭配健康滿分的地瓜和雞蛋，讓你一整天元氣十足！

| 4人份 |

必備食材：地瓜（4條）、洋蔥（半個）、珠蔥（⅓把） 金針菇（½把）、雞蛋（5個）、麵包（8片）、起司（4片）、美式咖啡（4杯）、草莓醬（適量）**調味料：**鹽（0.2）

#01

地瓜用鋁箔包好，放入大鍋下面燒柴火的地方。

#02

洋蔥和蔥切末；金針菇切碎。

#03

蛋中加鹽（0.2）打勻，加入剛剛切好的蔬菜拌一下。

#04

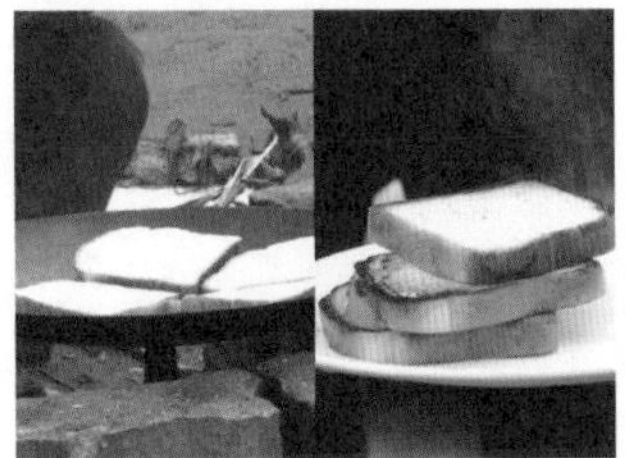

熱油鍋，加一點橄欖油，將麵包放上去煎至金黃。

#05

將麵包拿起來時，趁熱放上起司。

+ Cooking Tip

趁麵包熱的時候夾入起司，就能享受到起司和麵包合為一體的香濃。也可在麵包其中一面煎得金黃後，翻面將起司放到上面一起煎。

#06

鍋中再次加入橄欖油，倒入蔬菜蛋液煎至金黃。

#07

將草莓醬、美式咖啡及熟透的地瓜一起端上桌吧！

這也很美味！
進階食譜
第 8 集

忙碌的早晨也能輕鬆享用

蔬菜蛋吐司

길거리토스트

《一日三餐》中的早餐大多是另外準備配料，讓大家根據自己的喜好夾在吐司中。
以下要教大家可以更快速完成、立刻帶著走的便利早餐。
沒空在家吃早餐的人，也可以買專門放吐司的保鮮盒，帶去公司食用。

|2人份|

必備食材：蔬菜末（0.5杯）、高麗菜（3片）、雞蛋（3個）、奶油（1）、吐司（4片）**選擇性材料：**起司（2片）**調味料：**鹽（0.1）、胡椒粉（0.1）、糖（0.6）、番茄醬（3）

1 將要放入的蔬菜切末；高麗菜切絲。

2 蛋中加鹽（0.1）、胡椒粉（0.1）打勻後，加入蔬菜末混合。

加入的蔬菜可選擇洋蔥、紅蘿蔔、香菇、蔥、蒜、南瓜或韭菜等，或平常用剩的蔬菜也可以切成細末後，裝在塑膠袋或保鮮盒裡備用，除了做蛋捲，煮湯也能放入。

3 中火融化奶油後，放上麵包煎至金黃，翻面後放上起司。

用橄欖油煎吐司會很清香，奶油則是香酥。不過奶油不耐高溫，麵包和雞蛋容易焦，煎時要特別注意。

4 鍋內再放油，倒入蛋液，用鍋鏟將蛋塑形成和吐司差不多的形狀，熟了即可翻面。

5 把煎好的蛋和起司放在吐司上，灑上糖（0.3），

6 再放上高麗菜絲，擠上番茄醬（1.5），蓋上另一片吐司即可。

螃蟹 處理法

海鮮最怕有腥味，想吃美味的螃蟹，最好買新鮮的回來自己處理。美味的螃蟹要處理的眉角可不是普通的多，請看以下步驟：

#01

先用牙刷將螃蟹全部刷過一次。

★如果是做湯類料理，用牙刷刷完就可以整隻使用，不需切塊。

#02

去除螃蟹腹部的蟹腸區。

★腹部這個位置呈圓形是母的，呈三角形則是公的。

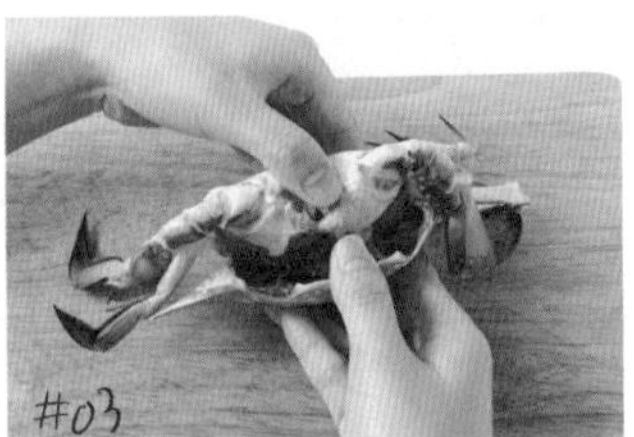

#03

用手將身體和殼剝開。

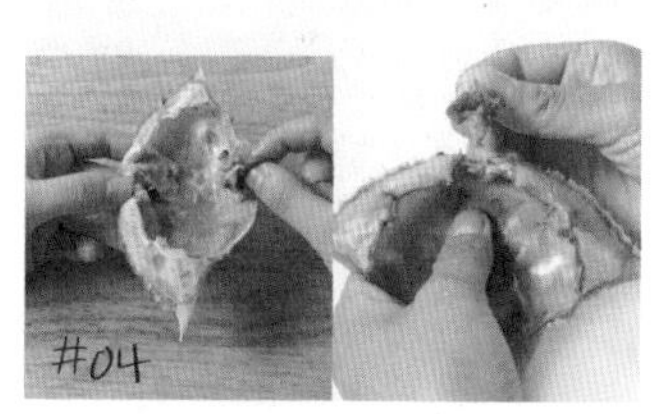

去除外殼內沾黏的內臟。
★殼可以拿來熬大醬湯或螃蟹高湯。

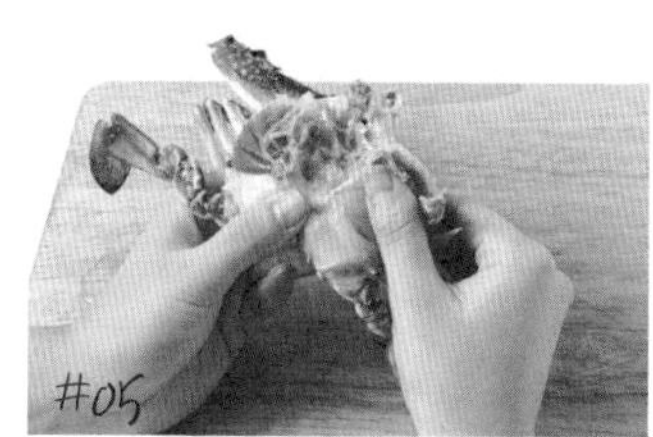

去除身體上面的腮。

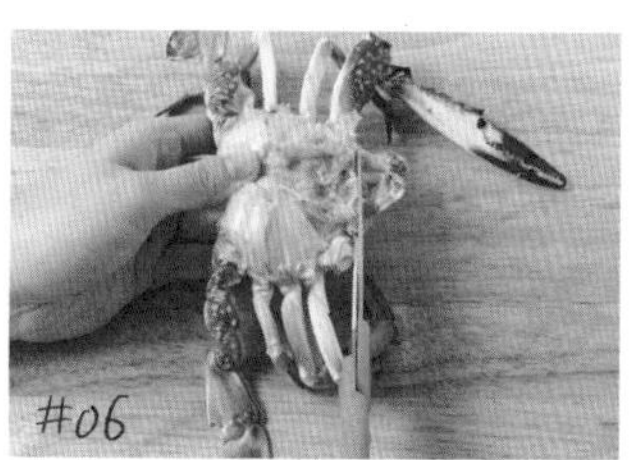

以剪刀剪去嘴巴部位。

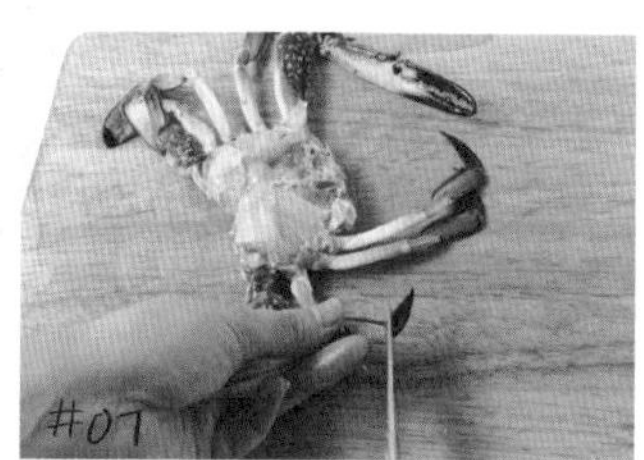

蟹腳的尖端也剪掉，方便食用。

Plus tip 充滿甜蜜回憶的法式吐司

將吐司雙面沾上蛋液煎，再灑上糖，就是閃耀著金黃光澤、香氣撲鼻的法式吐司！這可是每個人小時候都吃過的懷舊料理呢，一起來學這道甜蜜的吐司料理吧！

必備食材

雞蛋（3個）、鹽（少許）、糖或煉乳（1）、牛奶（0.5杯）、吐司（4片）

1 在雞蛋中放入鹽，打勻後加入糖或煉乳，增加甜味。
2 將牛奶加入蛋液中拌勻，把吐司浸泡進牛奶蛋液中，直到吐司完全吸收蛋液後取出。注意蛋液的濃稠度，不過稠才能吸進吐司中。
3 平底鍋中加入油或奶油，將吐司兩面煎至金黃即可。
★可根據個人喜好淋上蜂蜜或糖漿。

百搭泡菜，怎樣都好吃！

泡菜炒飯

김치볶음밥

只要有泡菜和飯，加上前一天晚上吃剩的火腿，放入剛從田裡摘來的花椰菜，
立刻就變成香噴噴的泡菜炒飯。
不管冰箱裡剩下什麼食材，放進泡菜炒飯中都超級搭，趕快學會吧！

|2人份|

必備食材：火腿（1杯）、泡菜（2杯）、飯（2碗）、雞蛋（2個）**選擇性材料：**花椰菜（1杯）、烤過的海苔（2片）**調味料：**橄欖油（3）、香油（1.5）

#01

火腿、花椰菜與泡菜切小塊。

#02

熱鍋後放入橄欖油（2），加入泡菜快炒。

+ Cooking Tip

在《一日三餐》中是直接爆炒泡菜，沒有加入任何調味。不過如果泡菜不鹹，炒飯會太淡。不妨加點泡菜湯汁或自製調味醬（辣椒醬＋湯用醬油＋糖或果糖），可補足鹹味，美味加倍！

#03

再放入火腿和花椰菜一起炒。

#04

放入飯之前先倒入香油（1.5）拌勻，再放飯一起炒。

+ Cooking Tip

想吃粒粒分明的炒飯就要使用隔夜飯，或將煮好的飯放涼後再使用。炒飯的油一定要放得夠多才能粒粒分明，但也要注意使用量。香油不耐高溫，最好像《一日三餐》一樣先用橄欖油炒過，再適量加入香油。

#05

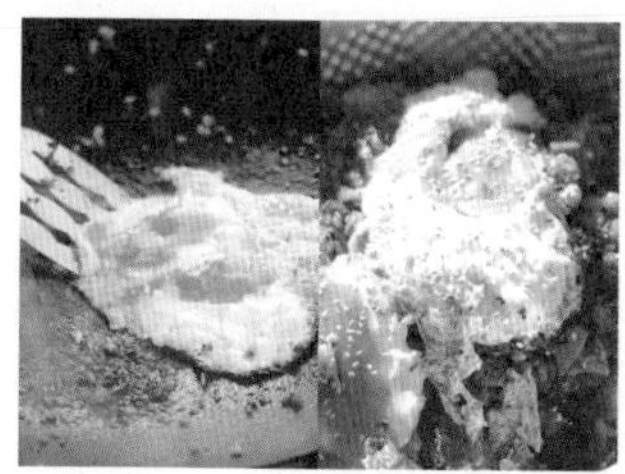

炒飯盛盤，加入橄欖油（1）煎荷包蛋，放在炒飯上，灑上芝麻即可。

樸實簡單的健康滋味

香菇蘿蔔飯

버섯무밥

新手廚師李昇基一口氣煮了好大一鍋飯，光是整理食材就耗費不少時間。
其實這道料理不難，但在家煮時千萬別一次煮這麼多啊！

| 6人份 |

必備食材：米（4 ½杯）、香菇（5朵）、蘿蔔（半根）

#01

將米洗淨、泡水備用。

#02

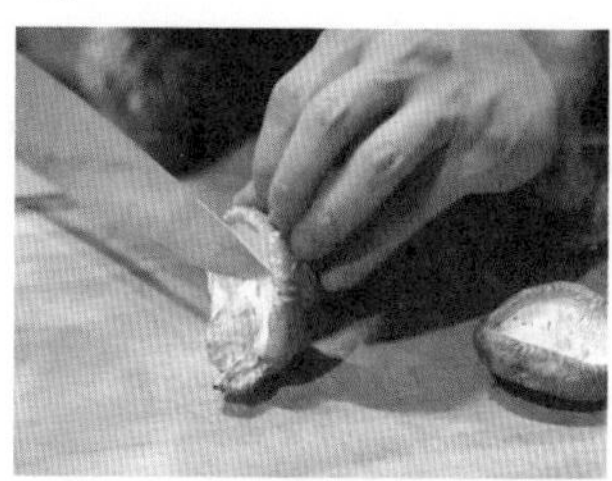

香菇切除蒂頭後切片，蘿蔔切絲備用。

#03

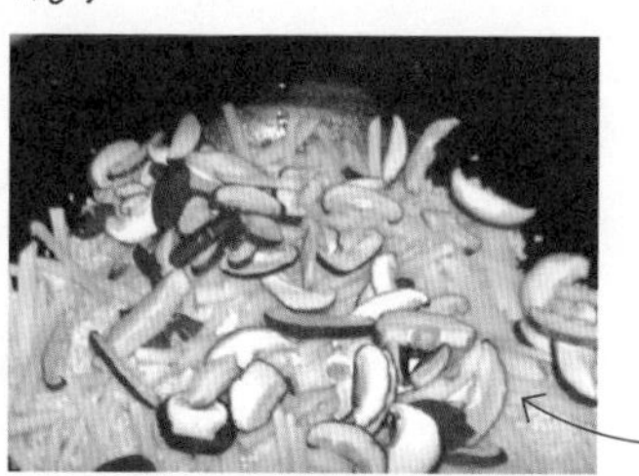

在鍋中依序放入浸泡過的米和蘿蔔，最後放入香菇，蓋上鍋蓋煮熟即可。

+ Cooking Tip

如果使用一般電子鍋，米和水的分量就依照標示；使用其他鍋類就必須視情況調整，最簡單的方法就是米和水1：1。不過因為蘿蔔和香菇都有水分，因此可比平常煮飯時少放1～2成的水。節目中使用的是一般鍋子，但建議使用壓力鍋、電鍋等能長久維持一定熱度的鍋子。

海鮮、蔬菜，滿滿都是好料！

辣鱈魚湯

대구매운탕

這道辣鱈魚湯真是料好實在！淡菜、鱈魚、各種蔬菜，
讓湯頭爽口又清甜，忍不住一口又一口啊！

| 2人份 |

必備食材：淡菜（1盤）、鱈魚（1尾）、蘿蔔（⅓個）、洋蔥（1個）、櫛瓜（1根）、蔥（1根）、茼蒿（2把）**調味醬：**辣椒粉（1.5）＋湯用醬油（1.5）＋清酒（1）＋辣椒醬（1）＋大醬（0.5）＋蒜末（1）＋薑末（0.3）＋胡椒粉（少許）

#01

鍋中倒入水，放入淡菜煮熟。

#02

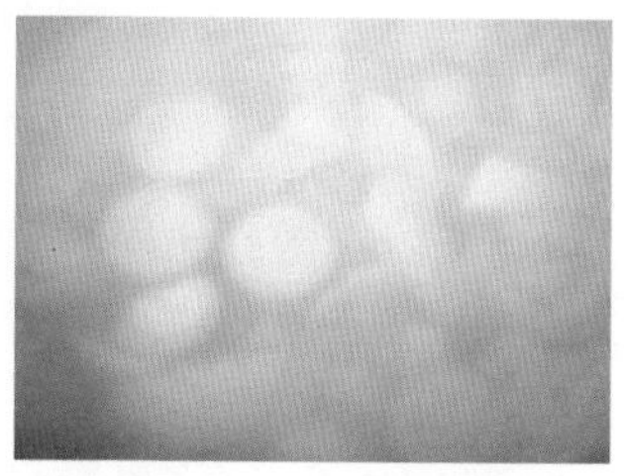

白蘿蔔、洋蔥、櫛瓜切成容易入口的大小。另起一鍋水，依序將白蘿蔔、洋蔥與櫛瓜放入煮滾。

+ Cooking Tip

新手主廚李昇基洗完淡菜後，沒有將水分瀝乾就直接倒入鍋中一起煮了。這些水分可能還含有淡菜中的其他物質，最好分開煮。貝類一定要將淤泥徹底洗淨，將淡菜的鬚鬚去除，再用淡菜互搓的方式清洗。

#03

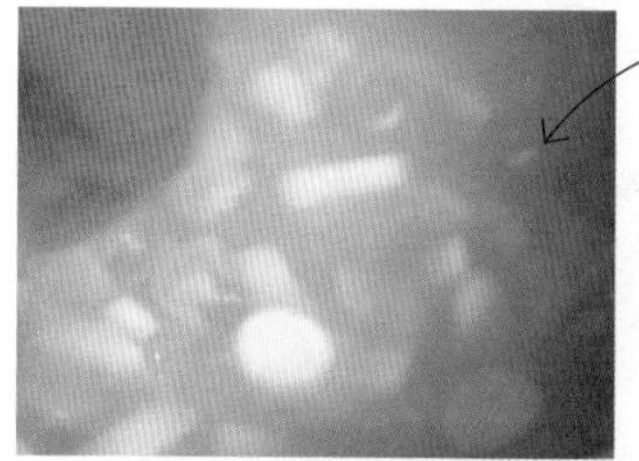

加調味醬繼續煮。

+ Cooking Tip

淡菜和鱈魚都算腥味不重的海鮮，如果還是很怕腥味，可先汆燙過，熬煮時不要蓋鍋蓋，讓腥味散去。《一日三餐》中去除腥味的方法是放入大量蒜頭，也可在調味醬中加入蒜頭、生薑和清酒消除腥味。

#04

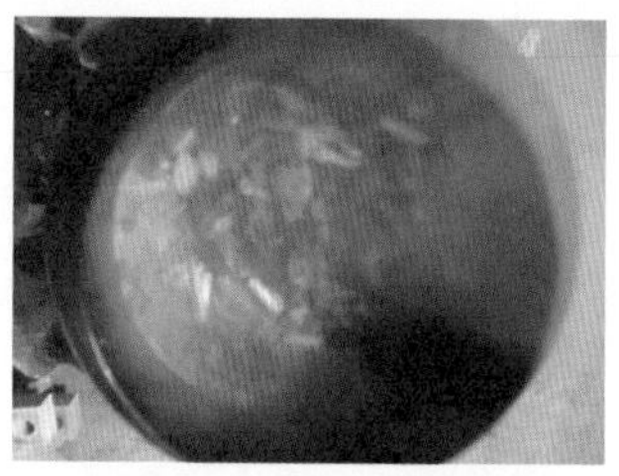

放入鱈魚、茼蒿、蔥後再稍微煮一下，以湯用醬油調味，放入蒜末略煮即可。

放黃豆芽更爽口，茼蒿能增添香氣。

辛苦工作後，迅速恢復元氣的點心

蚵煎餅 & 烤玉筋魚

굴전 & 양미리구이

為了採收高粱，旌善的奴隸4人組要全員出動！今天的晚餐特別升級，好應付隔天的勞動，補充精力的代表當屬蚵仔與高蛋白、高鈣的玉筋魚，只要用火烤就是最棒的食補。餐桌上滿滿能讓男性體力充沛的料理，做法非常簡單，平常在家也可以常做喔！

| 2人份 |

必備食材：鮮蚵（1.5杯）、麵粉（1杯）、雞蛋（2～3個）、粗鹽（適量）**調味醬：**糖（0.5）＋辣椒粉（1）＋醬油（3）＋香油（1）

#01

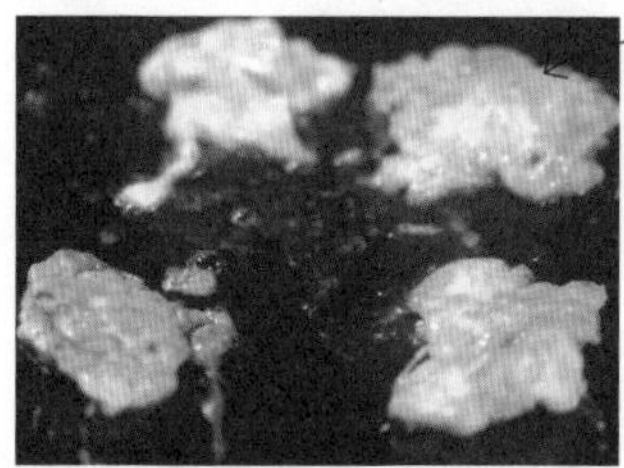

鮮蚵依序沾上麵粉、蛋液，放入鍋中煎成金黃色。

+ Cooking Tip

買回來的鮮蚵很可能帶有雜質或碎殼，可放入鹽水中輕輕搖晃洗淨，就不用擔心會影響味道與口感，營養也不會流失。

#02

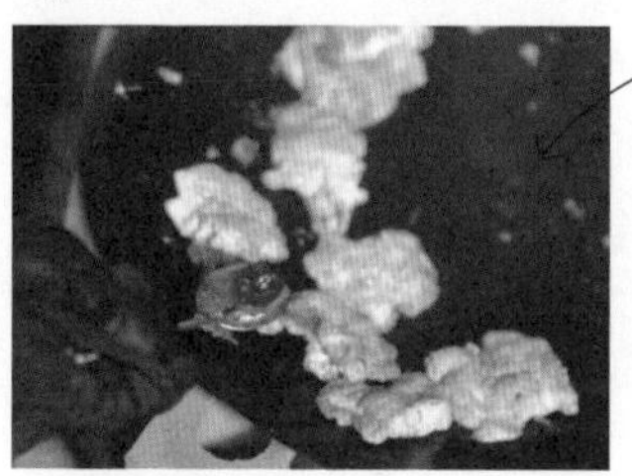

蚵煎餅熟後盛盤，要吃時淋上調味沾醬即可。

+ Cooking Tip

調味沾醬非常百搭，沾各種煎餅都很適合喔！

#03

玉筋魚放在烤網中，灑上粗鹽，烤到呈金黃色即可。

+ Cooking Tip

玉筋魚洗淨後就可直接整隻烤，購買時要挑選整隻呈灰白色，避免有腥味或肉散開的。

香氣穿透電視撲鼻而來！

蘿蔔牛肉湯

쇠고기뭇국

新手廚師居然出乎意料的做出令大家讚不絕口的美味！
跟飯是最佳拍檔的蘿蔔牛肉湯，就算沒胃口，聞到那清甜濃郁的香味，
保證能讓你胃口大開！

| 6人份 |

必備食材：燉湯用牛肉（400g）、蘿蔔（半根）、蔥（2根）、昆布（1片＝15x15cm）**醃肉醬料：**湯用醬油（2）、鹽（0.1）、胡椒粉（0.2）、清酒（2）**調味料：**香油（2.5）、蒜末（1.5）、湯用醬油（2）

#01

牛肉切成合適大小，加入醃肉醬料拌勻；蘿蔔切塊，蔥切成易入口大小。

+ Cooking Tip

想要湯頭看起來清澈、無雜質，要先用廚房紙巾將牛肉的血水吸乾，再拌醃料。

#02

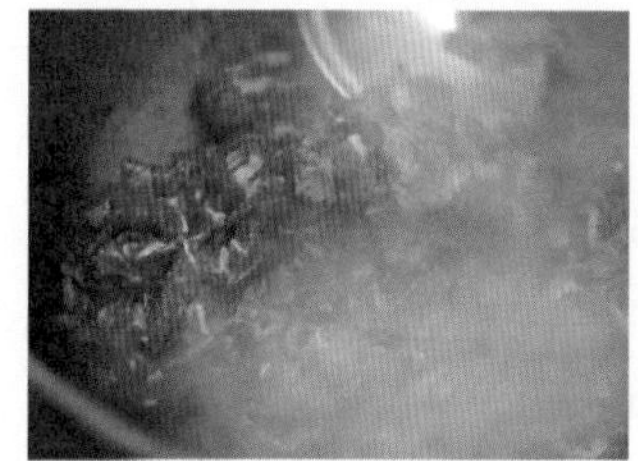

熱鍋中加入香油（2.5），放入牛肉拌炒。

#03

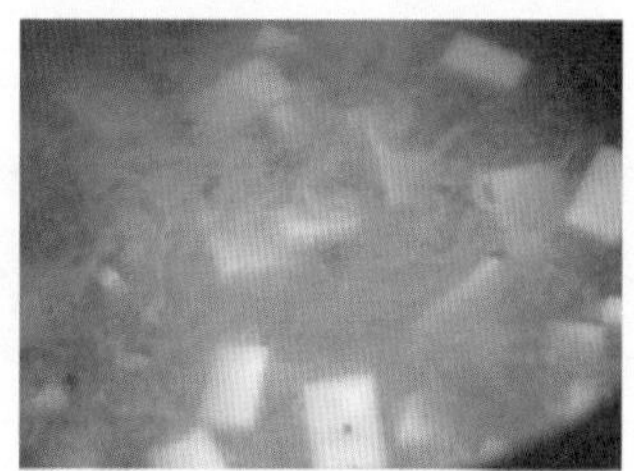

放入蘿蔔炒至呈半透明狀，加入水（9杯）熬煮。

+ Cooking Tip

李昇基這麼有自信果然是有原因的呢！煮蘿蔔牛肉湯時，最好像節目一樣，先用大火炒香牛肉，消除腥味，蘿蔔也要炒過，才不會容易煮爛掉。

#04

加入蒜末（0.5）、蔥及湯用醬油（2）調味，再煮一下即可。

+ Cooking Tip

《一日三餐》很常用湯用醬油調味，湯用醬油雖然能增加鹹度和甜度，不過放太多會讓湯色變混濁，添加時最好視情況調整鹽和湯用醬油的比例，也可放入蒜末和蔥。

簡單到爆炸！韓式招牌菜

泡菜炒豬肉

돼지고기김치볶음

在旌善生活一段時間後，大家都變成料理高手了。
這次完全不使用其他調味醬，光用泡菜就炒出一道酸辣夠勁的料理！

| 4人份 |

必備食材：泡菜（¼顆）、豬肉（五花肉300g）**調味料**：糖（適量）、芝麻（適量）

#01

泡菜、豬肉切成容易入口的大小。在熱鍋中加入油，先爆炒泡菜。

+ Cooking Tip

如果要像節目一樣不使用其他調味醬，泡菜可先略洗過，以免過於酸辣。不過別洗太乾淨，以免失去泡菜的味道。

#02

放入豬肉均勻拌炒。

+ Cooking Tip

如果豬肉很厚的話，可以先炒豬肉再放泡菜。炒之前先以鹽、清酒、胡椒鹽和生薑或蒜末稍微醃入味會更好吃。

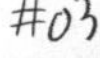

#03

加一點糖能提升甜味，要注意均勻拌炒，不要讓鍋底燒焦沾黏。

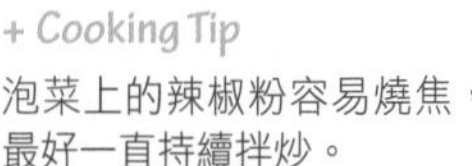

+ Cooking Tip

泡菜上的辣椒粉容易燒焦，最好一直持續拌炒。

這也很美味！
進階食譜
第 9 集

價格親民的魚料理

明太魚鍋

동태찌개

明太魚口感彈牙、魚肉清淡可口，價格又便宜，是韓國人最喜歡食用的魚類之一，最適合加在辣辣的湯鍋中拌飯吃，吃上一碗，感覺一整天的疲勞都消失無蹤！

| 4人份 |

必備食材：蘿蔔（100g）、芹菜（½把）、蔥（10cm）、青辣椒（1根）、櫛瓜（⅕個）、明太魚（1隻）**選擇性食材：**蛤蜊（2杯）、紅辣椒（1根）、豆腐（¼塊）**調味醬：**辣椒粉（1.5）＋湯用醬油（1.5）＋清酒（1）＋辣椒醬（1）＋大醬（0.5）＋蒜末（1）＋薑末（0.3）＋胡椒粉（少許）

1 蘿蔔、櫛瓜、豆腐切成容易入口的大小；芹菜切成6cm小段；蔥、辣椒切片。

2 明太魚去除鰭、頭和內臟，切塊（可直接買切好的）。在鹽水（鹽0.3＋水5杯）中搖晃清洗，瀝乾去除水分。

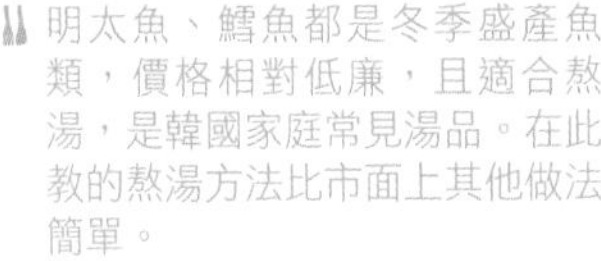

明太魚、鱈魚都是冬季盛產魚類，價格相對低廉，且適合熬湯，是韓國家庭常見湯品。在此教的熬湯方法比市面上其他做法簡單。

3 在鍋中放入蛤蜊、蘿蔔和水（5杯），在開蓋狀態下以中火煮滾後，撈出已開口的蛤蜊。

4 熬湯的同時，拌好調味醬。

5 蘿蔔浮出湯面時，倒入調味醬再煮滾，湯滾後放入櫛瓜煮到呈透明狀，再放入豆腐和紅辣椒。

6 再次沸騰時放入蔥、青辣椒和芹菜，最後放上蛤蜊再煮20秒即可。

一日三餐
食譜
第 10 集

高粱收成！紀念奴隸解放的烤肉派對

超搭拌蔥絲的紅酒熟成烤豬肉

파무침을 곁들인 와인숙성 돼지고기구이

高粱田收成後，《一日三餐》的奴隸們終於可以開慶功派對啦！
主菜就是紅酒醃三層肉，有大醬紅酒口味還有在紅酒中加入茼蒿、芝麻葉的口味，
搭配旌善小菜代表「拌蔥絲」，辛勤工作的滋味最甜美！

| 5人份 |

必備食材：三層肉（1kg）、紅酒（1瓶）、大醬（2.5）、芝麻葉（10片）、茼蒿（1把）**拌蔥絲材料**：蔥（3根）、香油（1）、果糖（3.5）、醋（4）、鹽（0.2）、辣椒粉（3）

#01

紅酒（⅓瓶）中加入大醬（2.5）拌勻，放入三層肉（400g）略醃備用。

#02

在剩下的三層肉放入紅酒（⅔瓶）、茼蒿、芝麻葉等有香氣的葉菜醃，備用。

+ Cooking Tip

醃肉約30分鐘～1小時最佳。夏天要放到冰箱裡醃才不會壞掉，如果醃太久或大醬放太多的話，容易像節目中一樣非常鹹，因此要特別注意。通常200g的肉類加0.7湯匙的大醬即可。

#03

先烤紅酒香草醃的三層肉，稍微灑點鹽，烤到呈金黃色。

#04

再烤醃大醬紅酒的三層肉。

#05

蔥切絲，加入香油（1）、果糖（3.5）、醋（4）、鹽（0.2），均勻混合。

#06

將烤好的三層肉裝盤，拌蔥絲和生菜也擺上桌即可。

+ Cooking Tip

光奎牌拌蔥絲味道一流！蔥切絲時，別忘了去除不必要的蒂頭及多餘的膜。若覺得太辛辣，可以先沖洗一下。不會切絲可以先斜切片，再剝開即可。

大小不一、更有特色
「個性」湯餃
개성만둣국

大夥在前輩的指揮下，完成了包餃子這項大工程。
從餃子皮開始一手包辦、模樣各具個性的餃子，大家一定也感受到那份心意了吧？
全家人一起做料理吃，一定是久久無法忘懷的美好回憶喔。

| 餃子約50個／湯餃 6人份 |

手工餃子材料：糯米粉（麵糰用7杯＋防沾黏0.5杯）、綠豆芽（3把）、豆腐（2塊）、酸泡菜（5杯）、牛豬絞肉（3 ⅓杯＝約500g）、蔥末（4）、蒜末（2）、鹽（0.3）**湯餃材料：**昆布小魚乾高湯（12杯）、湯用醬油（4）、餃子（30個）、年糕（5杯）、蔥（40cm）、雞蛋（4個）

★《一日三餐》中食材比例難以確實掌握，本食譜以6人份為準，步驟則與節目相同。

#01

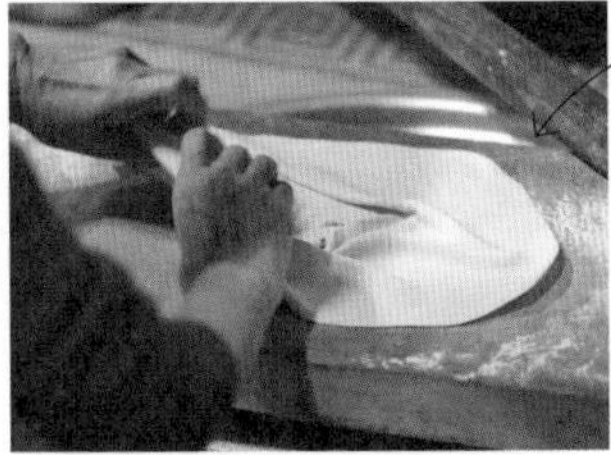

在糯米粉（7杯）中分3～4次倒入水（1.5杯），揉成麵糰。

+ Cooking Tip

餃子皮要使用中筋麵粉或糯米粉，麵粉和水的比例5：1為佳。麵糰要揉到外皮有光澤感，並適度加入水分。麵糰太黏時可再加麵粉，此時的麵粉若加點鹽調味也不錯。完成的麵糰要醒麵30分鐘，之後再揉一次到外皮光滑，這樣口感才會好。

#02

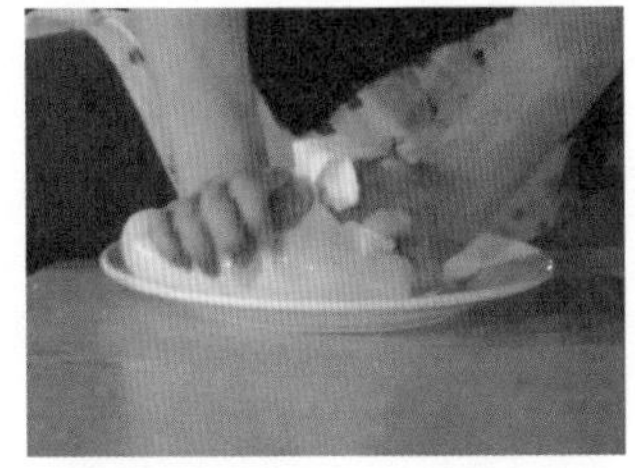

綠豆芽汆燙瀝乾；豆腐包在棉布中擰碎。

#03

泡菜切細、擰乾水分。

+ Cooking Tip

注意！綠豆芽易熟，在熱水中燙30秒就要立刻撈出，放到冷水中泡一下，撈出瀝乾水分，切成2～3等份備用。

#04

鍋中放入切碎的泡菜、豆腐、綠豆芽、絞肉、蔥末（4）、蒜末（2）、鹽（0.3）拌勻。

+ Cooking Tip

節目裡是將絞肉和其他材料一起調味，也可先在絞肉中加鹽和胡椒醃一下，再和其他食材一起拌，會更入味。記得調味之前先用廚房紙巾吸去絞肉多餘的血水，可減少腥味，餃子皮也不易因多餘的水分而破掉。

#05

將麵糰再揉一次後，灑點麵粉防止沾黏，以桿麵棍桿成餃子皮。

#06

將餡料包入餃子皮中。

#07

大鍋中倒入昆布小魚乾高湯，加湯用醬油調味，放入餃子、年糕煮熟後，再加蔥，打個蛋花即可。

+ Cooking Tip

若只用湯用醬油調味，可能會使湯頭混濁，因此可先加一點湯用醬油，不夠鹹再用鹽調味，並依個人喜好加入香油或胡椒粉。

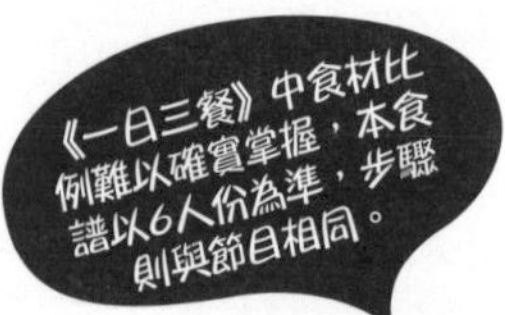

從鄉村紅到清潭洞

韓式麻糬

인절미

旌善的代表小吃韓式麻糬成了讓《一日三餐》眾人滿足不已的早餐。韓式麻糬做法簡單，加上糖、肉桂和蜂蜜，搖身一變成為最受歡迎的甜點，絕妙好滋味讓大夥讚不絕口，你一定要試試！

|4人份|

必備食材：糯米（4.5碗）、糖（3.5）、綠豆粉（1杯）、肉桂粉（⅓杯）、蜂蜜（適量）

#01

糯米飯放在缽中搗成糰狀。

+ Cooking Tip

要做韓式麻糬，糯米飯要煮硬一點。糯米：糖＋鹽的比例以3：2為佳。在旌善使用的石磨，都市中很難找到，可用家裡的小型研磨缽具或以大碗和飯勺替代。

#02

成糰後灑上糖（2.5）、綠豆粉（1），捏成一口大小，再灑上綠豆粉。

#03

在糖（1）中加入肉桂粉（⅓杯），沾在麻糬上。蜂蜜口味做法相同。

這也很美味！
進階食譜

第 10 集

小家庭也能輕鬆做、美味吃！

手工餃子 & 年糕湯餃

손만두 & 떡만둣국

本集演出的6人在晚餐時間都忙著包餃子，就可看出包餃子是個大工程，需要很多人手和時間。現在就來教大家省時省力的餃子做法，就算不是特殊節日、人口少的小家庭也能輕鬆享用美味的餃子！

| 餃子約30個／湯餃4人份 |

餃子餡料食材：豆腐（半塊）、綠豆芽（2把）、豬絞肉（300g）、泡菜（2.5杯）、市售餃子皮（30片）**醃肉材料：**鹽（0.2）、清酒（1）、薑末（0.3）、胡椒（0.1）**餃子餡調味料：**鹽（0.7）、香油（1+少許）、胡椒粉（少許）、蔥末（5）、蒜末（1.5）、芝麻（2）**湯餃食材：**餃子（20個）、年糕（3杯）、蔥（20cm）、雞蛋（3個）**高湯材料：**小魚乾（20尾）、昆布（1張=15x15cm）、蔥白（2根）、洋蔥皮（2個分量）**湯餃調味料：**湯用醬油（2）、鹽（0.2+少許）、蒜末（1）、香油（少許）、胡椒粉（少許）

1 豆腐以棉布包覆並捏碎，擠出多餘水分；熱水中加鹽（0.3），汆燙綠豆芽30秒後撈出，沖冷水、瀝乾，切成4～5等份，加鹽（0.1）和香油調味。

2 豬肉放在廚房紙巾上吸去血水，加醃肉材料拌勻。

在混合所有餃子餡料前先各自調味，更能均勻入味。吸豬肉血水時，加1～2湯匙清酒有助消除腥味。

3 泡菜瀝乾水分，切碎。

可適當加一點泡菜中的其他餡料（如蔥、蘿蔔絲）。

4 混合餃子餡料，加鹽（0.2）、蔥末（5）、蒜末（1.5）、芝麻（2）、香油（1）和少許胡椒粉，攪拌均勻。

5 將餡料包入餃子皮中，餃子皮周邊沾水可幫助黏合。

6 鍋中加入水（10杯）和熬高湯材料，中火煮滾後撈出昆布，再以中火煮15分鐘，撈出全部食材。

7 放入餃子，加湯用醬油（2）、鹽（0.2）、蒜末（1）。

8 等餃子皮開始變透明，放入年糕煮至年糕和餃子都浮上湯面，加鹽和胡椒調味，打蛋花並加蔥再煮一下。裝碗灑上1～2滴香油即可。

也可煎蛋皮切絲放在湯餃上，或灑一點海苔碎片

做法比麵包還簡單

韓式糯米糰

경단

《一日三餐》做的韓式麻糬其實相當簡單，也不需花費很多時間，是可以取代正餐的營養點心。
若覺得像節目裡一樣先煮成糯米飯很麻煩，也可以直接用糯米粉揉麵糰，
再根據個人喜好沾不同配料吃。
現在就來做這道朋友突然來訪也不必擔心沒東西招待的超簡單韓式糯米糰！

| 約15個分量 |

必備食材：糯米粉（2杯）、鹽（0.2）、熱水（1杯）**沾料食材：** 蜂蜜蛋糕（1塊）、巧克力粉（0.5）、綠茶粉（0.5）、蜂蜜（⅓杯）

1 糯米粉中加鹽（0.2），混合後過篩。

2 加一點熱水開始揉麵糰，成形後以棉布或塑膠袋包覆醒麵。

糯米粉需用熱水揉麵，才能有Q彈口感。

3 用濾網將蜂蜜蛋糕揉碎成粉末狀。

4 將蛋糕粉末分裝成3碗，其中2碗分別混入巧克力粉（0.5）和綠茶粉（0.5）。

糯米糰的沾粉可根據個人喜好準備，可像《一日三餐》灑綠豆粉，也可加黑芝麻或紅豆等多種食材，增加吃的樂趣。

5 將糯米糰搓成湯圓大小，放入熱水中煮至呈透明浮出水面後撈出，放入冷水中浸泡一下，撈出瀝乾。

6 均勻沾上蜂蜜後，即可沾上要吃的口味粉末。

Q彈有勁的年糕主角——糯米

一般吃的飯是黏性較低的白米，黏性較強的糯米則常做成年糕。糯米與白米相比，顏色較不透明且體積小。煮白米飯通常要先浸泡40分鐘，加入與米等量的水煮；糯米則需浸泡1個小時，水的分量要比糯米少10～15%。如果要做糯米糕，最好在煮飯時加點鹽調味。

Plus Recipe 用微波爐做年糕！

雖然很難想像，不過用微波爐做年糕其實比想像得簡單！做好的年糕只要沾綠豆粉就變成韓式麻糬，加上紅豆就是紅豆糕了。

| 7人份 |

必備食材 糯米粉（1杯＝90g）、糖（4）、鹽（少許）、紅豆餡（180g）、高粱粉（3）

1 糯米粉過篩，加糖（4）、少許鹽混合。
2 放入熱水（¾杯）揉麵糰，之後封上保鮮膜，戳一個洞再放入微波爐加熱2分鐘。
★加熱後需確認一下麵糰，若粉感還是很重，可多加熱1分鐘。
3 將紅豆餡和麵糰各分成7等份。
4 紅豆餡搓圓，包入麵糰中，外皮沾裹高粱粉即可。
★使用高粱粉口感較柔嫩。

Plus Recipe 甜蜜感激升！巧克力杯子蛋糕

另一種可用微波爐做的甜點，是入口即化的巧克力加上甜甜杯子蛋糕，光想心情也跟著好起來。

| 1杯分量 |

必備食材 麵粉（3）、糖（4）、巧克力粉（2）、發酵粉（0.1）、牛奶（4）、芥花籽油（3）、雞蛋（半個）、巧克力（1）

1 將麵粉（3）、糖（4）、巧克力粉（2）、發酵粉（0.1）均勻混合。
2 另一個碗中放入牛奶（4）、芥花油（3）、雞蛋混合後，將剛剛調好的粉末倒入，均勻混合。
3 加入巧克力，放入微波爐加熱2分鐘。
★微波爐烤出來的蛋糕放在室溫下容易變硬，最好放在密閉容器中存放。

加包拉麵一起煮是一定要的！

泡菜豬肉鍋

돼지고기김치찌개

工作一整天後，回到家最幸福的事情莫過於吃到熱呼呼的家常菜。
整個上午都忙著收高粱的大家，在午餐時把拉麵加入泡菜鍋中，
這完美搭配連國民嘮叨男李瑞鎮都笑到酒窩跑出來了！

| 4人份 |

必備食材：豬肉（200g）、泡菜（¼顆）、蔥（1根）、拉麵（1包）**調味料**：香油（足量）

#01

泡菜、豬肉切成適當大小。

#02

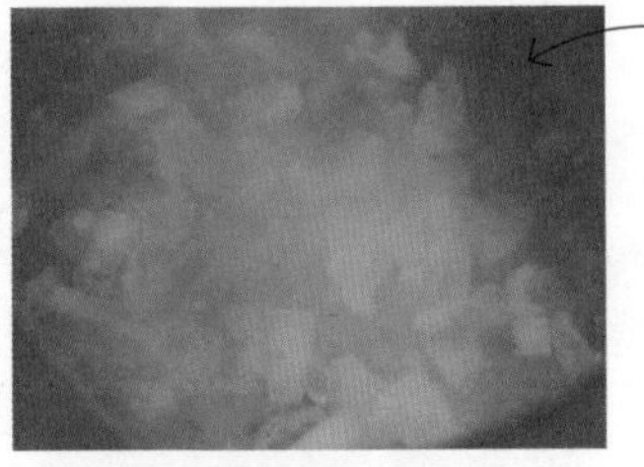

鍋中放入香油，再放豬肉炒熟，接著放入泡菜繼續炒。

+ Cooking Tip

若使用的泡菜太熟，酸味會過重，可加一點糖中和酸味。反之若是剛做好不久的泡菜，則可加點醋提味。要炒到泡菜變得有點軟卻不過老，才能維持泡菜的清脆口感。

#03

慢慢倒入水，煮滾後加入拉麵，再稍微煮一下即可。

+ Cooking Tip

若能用昆布小魚乾高湯，湯頭會更濃郁。時間太緊湊的話，可先將一片昆布泡在水中約15～30分鐘後再使用；湯頭味道太淡可加入泡菜湯汁，或用湯用醬油、鹽調味。

令人又愛又恨的高粱變身討喜點心

高粱紅豆煎餅

수수부꾸미

在旌善辛苦收成、價值20萬韓圓的高粱可以換1斤豬肉。
終於在第1季的最後一集，他們也用高粱做了高粱紅豆煎餅，為這段每天辛苦割高粱的日子畫下美好的句點。讓他們又愛又恨的高粱完美變身，成為美味又有嚼勁的鄉村美食！

| 10個煎餅分量 |

必備食材： 高粱粉（2.5杯＝250g）、糯米粉（1 ⅓杯＝125g）、鹽（0.3）、熱水（10）、紅豆餡（2杯）

★節目播出無確切分量，此分量以10個煎餅為準。

#01

高粱洗淨，浸泡2小時。

#02

利用鍋蓋濾乾水分。

#03

磨成粉末備用。

#04

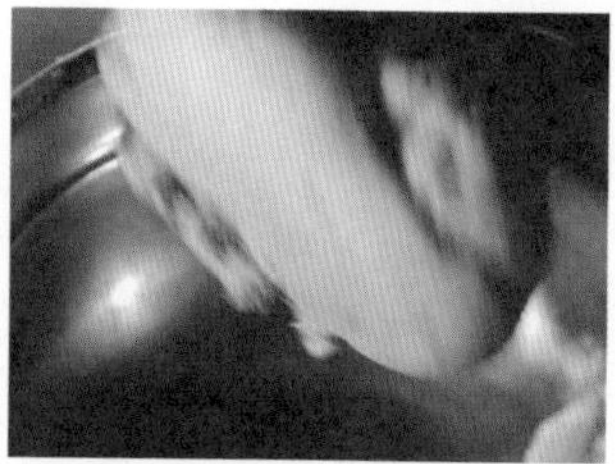

混合糯米粉後，慢慢的加入熱水（10），揉成麵糰。

#05

分成小塊狀，搓成圓球。

+ Cooking Tip

看電視時，大家一定很好奇為什麼要加糯米粉吧？這是為了增加Q彈口感和黏稠度，讓高粱粉可以搓成丸子。揉麵糰時可加鹽調味，一定要用熱水揉麵，而且不要一次倒入，要分次慢慢倒入，調整濃稠度，才能降低失敗率。揉麵最少揉20分鐘，注意麵糰不能過黏，也不能太硬，否則容易煎碎。

#06

熱油鍋，放入高粱麵糰煎，用蓋子或大湯匙將麵糰壓扁。

#07

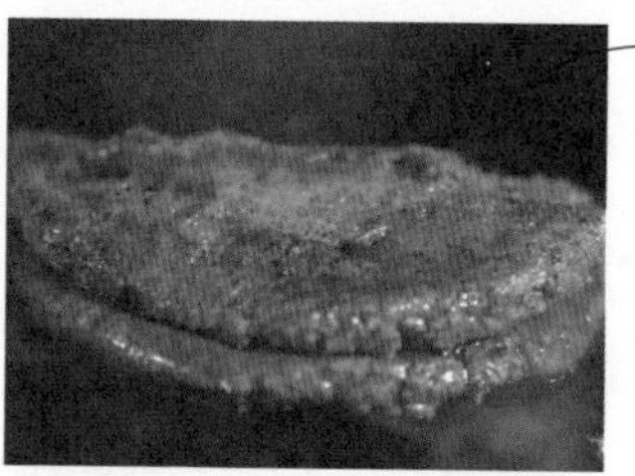

底部煎熟後，中間鋪上紅豆餡，對折翻面，待兩面都煎熟即可。

+ Cooking Tip

在家裡不妨直接購買市售高粱粉，輕鬆做出高粱紅豆煎餅。

這也很美味！
進階食譜
第 11 集

大口啃骨頭最過癮！

泡菜燉排骨

등갈비김치찜

相信大家一定相當熟悉以泡菜和豬肉一起燉煮的泡菜豬肉鍋，使用整塊的排骨加上放了1～2年的老泡菜，酸中帶辣的絕妙口感真是一絕！雖然食材和做法很簡單，卻是相當豐盛的料理，用來招待朋友也毫不遜色。

| 4人份 |

必備食材：排骨（1.2kg）、酸泡菜（⅓顆）、小魚乾昆布高湯（1.5杯）、泡菜湯汁（1杯）**汆燙排骨食材：**蔥（2根）、薑片（3片）、胡椒粒（5顆）、清酒（2）**調味醬：**辣椒粉（3）＋醬油（3）＋清酒（1）＋小魚乾醬（1）＋蒜末（1.5）＋薑末（0.3）＋洋蔥泥（5）＋梅汁（3）＋果糖（2）＋胡椒粉（0.1）＋香油（1）

1 除去排骨的脂肪、血水與白色薄膜，泡冷水1小時。

帶骨的肉一定要去除肉之間的血水才不會有腥味。泡冷水時，每20～30分鐘要換一次水，才能徹底除去血水。

2 滾水中放入汆燙排骨的食材與排骨，燙5分鐘後將排骨撈出，再以濾網撈出湯上面的浮油與泡沫。

大塊的肉先燙過可消除腥味，還能增加口感。

3 將調味醬拌勻，均勻的抹在排骨上，靜置10分鐘。

4 泡菜切成2～3等份，便於入口。

5 在壓力鍋底鋪上泡菜，上面放排骨，再倒入小魚乾昆布高湯、泡菜湯汁，蓋上鍋蓋以大火燉煮。

用悶燒鍋或壓力鍋更能將食材和肉燜得軟爛好吃。

6 煮熟後轉小火再煮15分鐘熄火，待鍋內壓力完全降下後再打開。

CHAPTER 3
讓人口水直流的獨特美食
晚才島篇
소화기

一日三餐
食譜

第 1 集

快速料理、美味上桌！

白菜湯

배춧국

說到快速料理，白菜湯是排名在很前面又美味的選擇。只要一碗白菜湯，就算沒有很多配菜也能飽餐一頓。在沒有時間、食材又不足的時候，白菜湯就是你的最佳選擇！

| 4人份 |

必備食材：白菜（¼顆）

調味料：大醬（2）、鹽（少許）、小魚乾調味粉（少許）

#01 在滾水（6杯）中放入小魚乾來熬湯。

+ Cooking Tip

許多料理節目說熬高湯要在水滾時才放小魚乾，不過想要湯頭濃郁鮮美，最好從冷水開始就將小魚乾放入一起熬。再加上昆布、乾蝦仁、乾香菇及蔥頭，就算不加小魚乾調味粉也一樣好吃。

#02 在小魚乾高湯中加2匙大醬，攪拌均勻。

#03 白菜放入高湯中熬煮。

#04 若不夠鹹可加鹽或小魚乾調味粉。

現摘蔬菜10分鐘變身美味料理

10分鐘現拌泡菜

10분 겉절이

韓國的泡菜料理中，現拌泡菜既快速又好吃，即使料理功力不佳也能輕鬆完成。
在晚才島的第1天晚上，10分鐘就完成的現拌白菜泡菜成為晚餐的重要角色。
車珠媽在泡菜中加入辣椒醬，口感略濕潤，相當適合拌飯吃喔！

|2人份|

必備材料：鵝白菜（2顆）

醃料：辣椒粉（1）、玉筋魚醬（倒2次）、香油（倒2次）、芝麻鹽（足量）、辣椒醬（2）、糖（1.5）、醋（1.5）

#01 將田裡現摘的鵝白菜一片片剝下來洗淨。

#02 鵝白菜切成容易入口的大小。

#03 在大碗中放入鵝白菜、辣椒粉（1）、玉筋魚醬（倒2次）、香油（倒2次）、芝麻（大量）、辣椒醬（2）、糖（1.5）、醋（1.5）一起拌勻即可。

+ Cooking Tip

糖用蘋果、水梨、洋蔥攪碎替代更佳，不過水果水分較多，要特別注意。玉筋魚醬和香油直接倒入食材中2次，約為2大湯匙的量。

再奇妙的海藻也不用擔心

馬尾藻拌蘿蔔

멍무침

不常做菜的人應該沒有買過馬尾藻這種食材吧？聽起來有點陌生，
不過大家把它想鹿尾菜的親戚就不難理解了。節目中是將蘿蔔和馬尾藻拌在一起，
加醋能消除海藻的腥味，略酸的味道非常爽口，
也可用海青菜、汆燙鹿尾菜、煮過的海帶切絲或海苔取代馬尾藻。

| 4人份 |

必備材料：馬尾藻（2把）、蘿蔔（1大塊）、蒜頭（3瓣）**調味醬：**醋（1.2）、芝麻鹽（0.5）、辣椒粉（1）、玉筋魚醬（1）、醬油（1）、香油（1）、糖（2）

#01

在流動的水中清洗馬尾澡，瀝乾。

#02

切成容易入口的長度。

+ Cooking Tip

馬尾藻、海帶、鹿尾菜等海藻只要碰到淡水就會產生腥味，因此要盡快在流動的水中洗淨，再放入鹽水汆燙10秒後撈起備用，就能減少腥味。

#03

蘿蔔切長條狀。

#04

蒜頭搗碎備用。

+ Cooking Tip

蘿蔔很常搭配海藻或蔬菜做成涼拌菜。節目中是直接將蘿蔔切絲使用，但最好先用鹽水醃一下、消除一些水分較易入味，口感也更好。

#05

在大碗中放入馬尾藻和蘿蔔，加醋（2）與芝麻（0.5）拌勻。

#06

放入蒜末（1）、辣椒粉（1）、玉筋魚醬（1）、湯用醬油（1）、香油（1）、糖（2）拌勻即可。

+ Cooking Tip

要做出最適合自己口味的涼拌海藻，關鍵在於又酸又甜的醋醬，將醋和糖的比例依自己喜好調整就可以了。

海兔神奇大變身

燙海兔&晚才島牌辣醋醬

군소데침 & 만재도표 초고추장

海兔是生長在韓國岩岸近海生長的海底生物，是韓國常見食材，又稱為「韓國海兔」，也被稱為「海洋的壯陽劑」，深受男性喜愛。吃法通常是煮熟後沾醋醬，不過海兔含水量相當高，無論體積多大，煮後都會縮水，是晚才島家人珍貴的食材。

| 2人份 |

必備材料：海兔（2隻）**醋醬材料**：辣椒醬（2）、糖（1.5）、醋（2）、芝麻（0.5）

#01

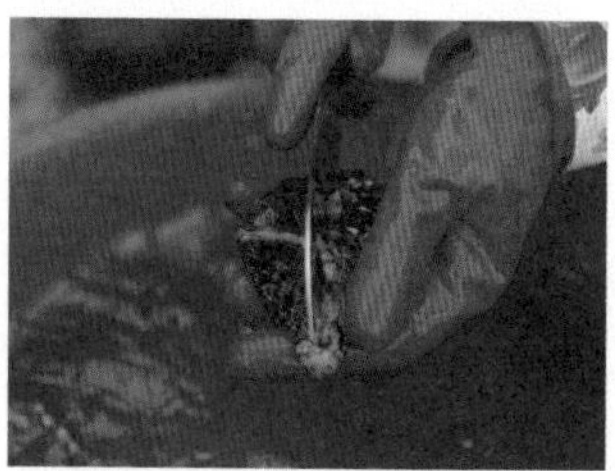

剖開海兔的肚子，取出內臟。

#02

在流動的水中將海兔肚中的色素洗淨。

+ Cooking Tip

車珠媽把海兔肚子剖開時，裡面都是紫色液體，因為海兔和章魚一樣，在感覺到危險時會分泌色素，處理時一定要將內臟和色素清乾淨。

#03

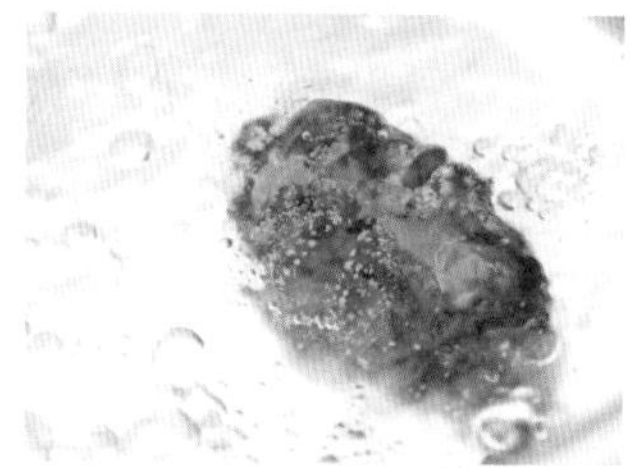

海兔放入滾水中煮熟。

#04

煮海兔的同時製作沾醬，將辣椒醬（2）、糖（1.5）、醋（2）、芝麻（0.5）混合成醋醬。待海兔熟後切片，即可沾食。

+ Cooking Tip

每個家庭對「好吃的醋醬」定義各不相同，一般人都能接受的簡單好吃醋醬比例：將辣椒醬：醋：果糖以1：1：1的比例放入，砂糖、辣椒粉和蒜末則是一半的分量，做出的口味和海產店幾乎一模一樣喔！

沒時間買菜時的最佳料理

蘿蔔湯
무국

來到晚才島的第1天，因為食材不夠，蘿蔔湯就變成第2餐的重點料理。
看著《一日三餐》的蘿蔔湯在大鍋中咕嘟咕嘟地冒煙，
雖然沒有豐富食材，也讓很多人跟著口水直流了！

| 8人份 |

必備材料：蘿蔔（半根）、蔥（30cm）**調味料：**小魚乾調味粉（2）、蒜末（2）、辣椒粉（3）、鹽（適量）

#01

蘿蔔切丁，加水（10杯）熬煮。

+ Cooking Tip

《一日三餐》中是以洗米水代替清水，湯頭更濃郁。也可用昆布小魚乾高湯，湯頭更爽口鮮美。如果使用清水做湯底，可以將蘿蔔切小塊，先以香油爆炒後再加水熬煮，湯頭會很香醇。

#02

將蔥切好，與小魚乾調味粉（2）一起放入湯中。

+ Cooking Tip

因為蘿蔔要熟透的時間比蔥久，所以要先將蘿蔔煮至變透明、幾乎快熟時再放蔥，才能保留蔥的口感與香氣。

#03

放入蒜末（2）與辣椒粉（3）略煮後，加鹽調味即可。

這也很美味！
進階食譜
第 1 集

清脆爽口的好滋味

現拌白菜泡菜

배추겉절이

在《一日三餐》裡，大家很常看到這道現拌白菜泡菜上桌，
新鮮清脆的口感完全擄獲這群大男人們的心！以下這道現拌泡菜是用白菜心附近的嫩葉做的，葉片小容易入口，加上本身的甜味，非常適合做成現拌泡菜。

| 2人份 |

必備材料：嫩白菜（¼顆）、韭菜（½把）**醃醬材料：**粗鹽（1.5）、辣椒粉（5）、玉筋魚醬（1.5）、蝦醬（2）、梅汁（4）、蘋果泥（5）、洋蔥泥（3）、蒜末（2）、薑末（0.5）、芝麻（2）

1 先將白菜外面不要用的葉片剝除，將要用的部分切成容易入口的大小。

2 鍋中加粗鹽（1.5）和水（0.5杯），放入白菜稍微拌一下，醃30分鐘。

3 鹽水倒掉，用清水沖洗一下，瀝乾。

4 將韭菜切成5cm小段。

5 碗中加入除了粗鹽外的其他調味料，均勻混合。

可用水梨取代蘋果或直接加點梅汁。

6 將醃好的白菜與醃醬均勻混合，再放入韭菜拌一下即可。

雖然現拌泡菜的特色是醃好了就能立刻吃，不過再醃半天左右會更入味。

活用醃泡菜剩下的白菜

白菜煎餅

배추전

如果有用剩的白菜，千萬別丟在冰箱，不知如何是好，利用簡單巧思就能來個料理大變身！
就算完全不加其他調味料，加上煎餅粉就成為爽口又美味的白菜煎餅。
在慶尚道的冬天，人們還會加入蘿蔔，成為獨特的風味料理。

|4人份|

必備材料：白菜（大片4片）、煎餅粉（1 ¼杯）**調味醬：**辣椒粉（1.5）＋醬油（3）＋蔥末（3）＋蒜末（1）＋香油（1.5）＋芝麻（1）

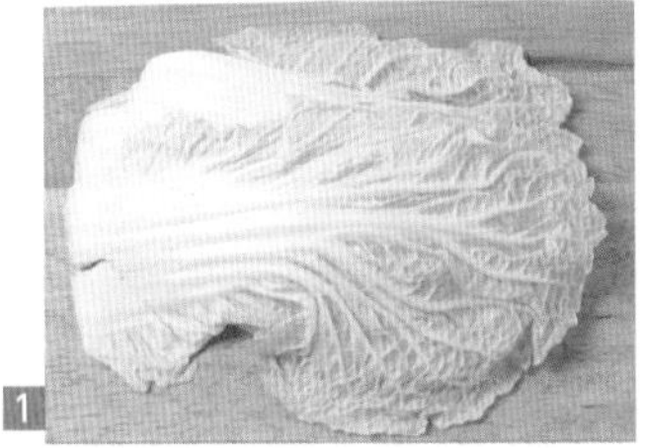

1 剝下要使用的白菜。

2 在煎餅粉中加水（1 ⅓杯），攪拌均勻至沒有粉感。

沒有煎餅粉也可以麵粉加點鹽，或用蕎麥麵粉、橡實粉代替。

3 平底鍋加熱，放油，轉中火，將兩片白菜沾滿麵糊後，並排放入。

4 將兩面煎至金黃即可起鍋。

5 將調味醬材料均勻混合。

6 白菜煎餅切成容易入口的大小，與調味醬一起裝盤。

定番解酒湯

辣牛肉蘿蔔湯

얼큰 쇠고기뭇국

巧婦難為無米之炊，當遇到食材、時間都不足的時刻，
只要有個能以一擋百的湯料理就搞定一切啦！平常只要將要煮湯的牛肉一包包分裝存放在冷凍庫中，就能隨時變成一道美味湯品，這道辣牛肉蘿蔔湯非常適合當作解酒湯。

| 2人份 |

必備材料：蘿蔔（100g）、煮湯用牛肉（100g）、蔥（10cm）**高湯材料**：小魚乾（10隻）、昆布（1片＝10x10cm）、洗米水（3杯）**牛肉醃料**：清酒（1）、湯用醬油（0.2）、鹽（少許）、胡椒粉（少許）**調味料**：香油（1）、胡椒粉（1.5）、湯用醬油（1）、蒜末（0.5）、鹽（少許）

1 鍋中放入洗米水、小魚乾、昆布，以中火煮滾。

小魚乾要去除頭和內臟避免苦味。如果覺得小魚乾腥味太重，可先以文火在平底鍋中拌炒小魚乾，再加上昆布和水熬高湯。

2 水滾後撈出昆布，轉中小火再煮10分鐘，以濾網過濾湯汁備用。

3 蘿蔔切成一口大小；蔥切片；牛肉切成容易入口的大小，鋪在廚房紙巾上去除血水後，加入醃料略醃。

4 鍋中放入牛肉和香油（1），開中火略炒至外皮熟後，放入蘿蔔再炒1分鐘。

5 放入辣椒粉（1.5）再炒20秒，加入高湯以大火煮滾。

辣椒粉可以最後放，但先炒過香氣更濃。要注意辣椒粉很容易燒焦，一定要一邊攪動一邊炒。

6 煮滾後轉中火煮至蘿蔔變透明，加湯用醬油（1）和蒜末（0.5）再稍微煮一下，等到食材都熟後放入蔥再煮10秒即可。

煮湯過程中隨時撈出浮油和泡沫，讓湯更清爽。湯不夠鹹可加湯用醬油或鹽調味。

料理方式簡單又多變 白菜

韓國人餐桌上絕對少不了的泡菜，就是用白菜做成。白菜盛產於11～12月，滋味清甜爽口，不只可醃泡菜，也常被運用在湯或小菜中。大白菜比一般醃泡菜用的白菜小且帶有甜味，稍微醃一下或直接包肉吃都很美味，甚至略汆燙後沾大醬吃，家裡沒有泡菜時，也可做成現拌泡菜，用途相當多。

Point 1 挑選美味的白菜
與其挑選非常大的，大小適中反而比較美味。對半切開時，白菜的葉子層次多且飽滿的為佳，層次少且厚的就是快速栽培，若用這種白菜醃泡菜，很快就會爛掉。

Point 2 能保持白菜新鮮度的處理法與保存法
處理白菜時，先把外面殘缺且粗的葉片剝除，然後從底部中心的部位對切，在流動的水中將白菜一層一層洗淨。
保存時，如果是整顆的狀態，要以廚房紙巾包起來，像在菜園裡一樣立在通風的地方；已經處理過的白菜則用保鮮膜或塑膠袋密封，不要讓白菜乾掉；醃泡菜剩下的整顆白菜，可用報紙包覆，底部朝下直立在陰涼處，就能存放很久。

{ 一日三餐小祕方 }

處理好放在冰箱，可隨時取用的 常備食材

料理時總會用到的食材或常用調味醬料，其實就是那幾樣。買來後先處理好放在冰箱裡，隨時要用都很方便。

Point 1 韓式料理少不了的食材與辛香料
蒜末裝在塑膠袋內壓平，用筷子把每次要用的分量分出、做出壓痕後冷凍保存，之後就可以每次剝一塊下來用，放在製冰盒中也可以，市面上也推出能分裝蒜末的保鮮盒，使用相當方便；辣椒、蘿蔔、蔥、生薑等切小塊放在冰箱後，水分會隨時間流逝，要盡快使用；韭菜、細蔥等葉片細嫩的蔬菜，要先把有土或參差不齊的尾端去除，以報紙包覆後冷藏；未使用的洋蔥以洋蔥網包覆，放在陰涼處。

Point 2 先處理好就不用擔心的肉類
煮湯或鍋類料理時會使用到的碎肉末、肉片或炒菜時用來提味的肉絲等，因為用量少，分次購買很麻煩，最好一次購買足夠的量再分裝，還能節省上超市的時間。直接將每次要吃的量以塑膠袋分裝再冷凍即可。要從先買的開始使用，因此保存時最好一併標示日期。

Point 3 一次煮好以備不時之需的高湯
高湯的鮮甜有時無法用調味料補足，如果覺得每次都要煮太麻煩，不如一次煮一大鍋，放在冰箱中慢慢用。可將幾天內要用的高湯裝瓶冷藏，剩下的分裝入塑膠袋或盒子。不過就算是冷凍保存，也應在3個月內用完，且不能在常溫下解凍，要放在冰箱冷藏室解凍才不會變質。適合熬高湯的食材組合有小魚乾＋昆布，小魚乾＋乾蝦仁，黃魚頭＋蘿蔔。也可加一點乾辣椒，就能熬出微辣的高湯。

光看就令人垂涎三尺的養生料理

烤鰻魚

장어구이

同時擄獲味覺和視覺的烤鰻魚，光是把新鮮的鰻魚往火爐上的網子中一放，
就讓所有人都目不轉睛了！

|2人份|

必備食材：鰻魚（1尾）**調味醬**：辣椒粉（2）＋胡椒粉（0.1）＋醬油（4）＋果糖（3）＋蒜末（1.5）＋辣椒醬（1.5）

#01

鰻魚切成容易入口的大小。

#02

將調味醬材料均勻混合。

+ Cooking Tip

《一日三餐》中處理鰻魚的方法就相當費事，如果要處理得更乾淨，先將內臟、骨頭、鰭去除後，切成塊狀，再由上往下以熱水淋過外皮，熱水要一點一點地倒。這樣外皮的透明黏液就會變成略帶白色，用刀子輕輕剝除即可。

#03

鰻魚放在鋁箔紙上，前後都刷上調味醬。

#04

在烤肉爐中加木炭生火，鰻魚放在網子中反覆翻面烤熟即可。

+ Cooking Tip

烤的火太大很容易把沾有醬料的鰻魚燒焦，需以適當的小火來烤。為了充分入味，記得過程中要持續抹上調味醬，這樣可避免燒焦，美味更加倍。

{ 處理鰻魚的方法 }

1 將鰻魚的頭以釘子固定在砧板上（因為鰻魚又長又滑，如果不固定無法好好處理）。
2 從背到尾巴，順著切開。
3 去除內臟後，削去中間的骨頭，去除鰭。
4 在流動的水中清洗後瀝乾。

滑嫩口感不輸給布丁

蒸蛋

달걀찜

韓國人在吃辣魚湯或海鮮鍋這類辣湯時，絕對少不了的配菜就是蒸蛋。
在晚才島第一次大豐收的好日子，滿桌的辣味料理中，怎麼可以沒有蒸蛋呢？

| 2人份 |

必備材料：雞蛋（2個）**選擇性食材**：珠蔥（3根）**調味料**：鹽（0.2）

#01

雞蛋和水以**1**：**2**比例打勻。

#02

加鹽（**0.2**）調味，均勻混合。

+ Cooking Tip

雞蛋和水**1**：**2**可做出像日本蒸蛋一樣滑嫩的蒸蛋，口感不輸布丁！想要口感更細嫩，打完蛋後用濾網過篩一次。若用昆布或海鮮高湯取代水，風味更佳。

#03

蔥切細，放入蛋液中。

#04

放入蒸籠或蒸鍋中，以中火蒸熟即可。

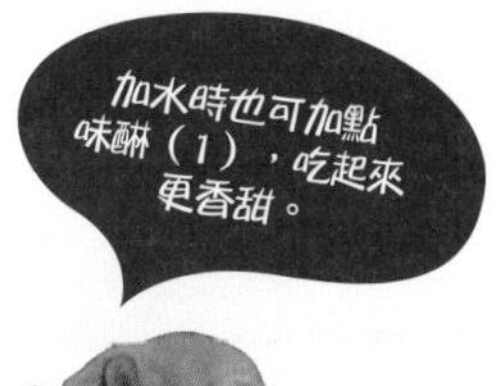

魚太小了，實在不夠吃啊！

糖醋石斑魚

우럭탕수

在韓國，石斑魚通常會做成生魚片或辣魚湯，不過這次在晚才島，石斑魚卻變身糖醋料理。酥脆的石斑魚和特製糖醋醬真是絕配！而且實在太好吃了，讓大家紛紛惋惜魚太小隻，根本不夠吃啊！

| 2人份 |

必備材料：石斑魚（小的2隻）、地瓜粉（½杯）**石斑魚調味料**：鹽（0.2）、胡椒粉（0.1）**糖醋醬材料**：水（1.5杯）、醋（3.5）、糖（3）、醬油（4）、果糖（3）、洋蔥（半個）、蘿蔔（⅛個）、蔥（1根）、紅色彩椒（半個）、高麗菜（2片）、勾芡水［2＝太白粉（1）＋水（2）］

#01

魚洗淨處理好後，在身體上斜畫兩刀，抹上鹽（0.2）和胡椒粉（0.1）。

#02

將抹好調味料的魚裹上地瓜粉。

+ Cooking Tip

料理實力出眾的車珠媽果然沒有忽略裹粉這道重要步驟！魚類裹粉能將外皮煎得酥脆，魚肉維持細嫩軟嫩，還能幫助成型，不易散掉。不過如果倒太多粉來沾裹魚，分量不好拿捏，剩下的粉也會沾染魚腥味，無法重覆使用。最好先在魚上灑1、2湯匙的粉，慢慢再加。粉也不能裹太厚，否則沒有與魚密著的粉容易吸附油脂，口感反而會變差，入鍋前撢一下餘粉。

#03

將水（1.5杯）、醋（3.5）、糖（3）、醬油（4）、果糖（3）混合；洋蔥、蘿蔔、蔥、紅色彩椒、高麗菜切小塊備用。

#04

熱油鍋，放入魚煎至金黃後取出。

#05

爆炒切好的蔬菜，放入準備好的調味醬，煮滾後加勾芡水，做成醬汁。

#06

將醬汁淋在石斑魚上。

+ Cooking Tip

在晚才島是將所有蔬菜一次放下去炒，若先爆香蔥，再炒洋蔥和蘿蔔會更好吃，爆香時也可以加入蒜末或生薑。勾芡水要在湯汁滾時加入，否則易結塊不勻，要慢慢加入、邊確認濃稠度。糖醋料理在冷卻後會變得更黏稠，因此煮時只要開始呈現想要的濃度就要立即停止加勾芡水並關火。

這也很美味！
進階食譜
第 2 集

像火山噴發般豐富軟嫩

砂鍋蒸蛋

뚝배기 달걀찜

《一日三餐》中出現的日式蒸蛋加了很多水，並以隔水加熱的方式做出口感細緻的蒸蛋。
隨著做法不同，蒸蛋種類也很多樣。以下這道以砂鍋直接加熱的蒸蛋，
也是韓國烤肉店必有的蒸蛋料理喔！

| 3人份 |

必備材料：雞蛋（3個）、昆布水（⅔杯）**選擇性食材：**蔥（1根）**調味料：**蝦醬湯汁（1）、胡椒粉（少許）、辣椒粉（少許）

1 將雞蛋打勻。

2 加入昆布水與蝦醬湯汁（1）、胡椒粉混合，一直打到產生泡沫為止。

昆布水做法：將昆布（1片＝5×5cm）泡在水中10分鐘後再撈出，是不需加熱就能做出的簡易高湯。

3 蔥切細末。

4 將蛋液放入砂鍋中，開大火。

5 蛋液開始滾時，轉中火，一邊以湯匙細細攪拌。

6 再次煮滾後轉小火，灑上蔥末和辣椒粉，等到八成熟後，熄火並蓋上鍋蓋，利用餘溫持續加熱。

砂鍋的加熱速度雖然較慢，不過到達一定熱度後能維持很長一段時間，因此蒸蛋快熟後即可改小火，等到再更熟一點時直接熄火，利用餘溫加熱即可。

韓式小菜中，不能沒有你 雞蛋

食材愈新鮮，料理愈美味，這是放諸四海皆準的道理。雞蛋也是，愈新鮮腥味就愈少、愈好吃。挑選雞蛋時要特別注意蛋殼表面，新鮮的雞蛋殼會很粗糙，也可稍微搖晃一下，如果能聽到明顯的聲音，表示是已經放很久的雞蛋。雞蛋兩端中有一邊是比較平整呈圓形的部位，那是雞蛋的氣室，保存時要將尖端朝下，才能確保雞蛋新鮮，美味持久。

一日三餐小祕方

有點一樣又不太一樣
千變萬化的蒸蛋端上桌

雞蛋是《一日三餐》中少不了的食材，常被做成蒸蛋或雞蛋捲上桌。不過大家應該有發現，每次做出來的成品都不盡相同，因為掌廚的人會根據要一起吃的菜來選擇不同佐料，或改變料理方式，變化出不同的蛋料理。在家也可以做出各種不同的蒸蛋，為飯桌增添色彩唷！

媽媽的味道 韓式蒸蛋

日式蒸蛋像布丁一樣柔嫩，而韓式蒸蛋因為加入的水少，口感較扎實。日式蒸蛋會加糖與昆布高湯，韓式蒸蛋則多半加鹽或蝦醬調味，略帶鹹味，還會加入蔥花增加清爽口感。用小砂鍋煮是韓式蒸蛋最大魅力，直接用湯匙挖來吃，別有一番情趣。

必備食材 蔥（1根＝20cm）、雞蛋（2個）、蝦醬湯汁（0.5）
選擇性食材 辣椒粉（少許）
調味料 鹽（少許）

1 蔥切成蔥花。
2 雞蛋中加水（1杯）、蝦醬湯汁（0.5）、鹽混合均勻，加入蔥花、辣椒粉。
3 在大鍋中加入適當的水煮滾後，放入裝有蛋液的碗，以中火隔水加熱15～20分鐘即可。
★若擔心蒸蛋冒出碗外或燒焦，也可用小火隔水加熱。

布丁般柔嫩 日式蒸蛋

日式蒸蛋常加入柴魚或昆布高湯做基底，裝在一人用小碗中放入蒸籠，就是日本料裡店常見的茶碗蒸。雞蛋與高湯比例1：4是日式蒸蛋的黃金比例！可加點鹽調味，將蛋打勻後以濾網過篩一次，蒸蛋會更柔嫩。不過蒸鍋內的水蒸氣容易破壞蒸蛋的模樣，最好在鍋蓋裡鋪一層棉布，如果是用盤子代替鍋蓋，可在容器上裹一層鋁箔。

必備食材 柴魚（1把）、雞蛋（2個）
選擇性食材 香菇（½朵）、銀杏（3顆）、蝦仁（3隻）
調味料 鹽（少許）、糖（0.5）、味醂（1）

1 熱水（2杯）中加入柴魚泡2～3分鐘後撈出，做成柴魚高湯。
★2個雞蛋約是0.5杯的量，配合1：4比例，所以高湯量是2杯。
2 香菇切細絲；熱鍋中加入油（少許），小火略炒銀杏後剝皮。
★銀杏大火炒會變硬，一定要用小火。剝皮後是青色果實。
3 大碗中放入雞蛋與調味料，打勻。
4 將1人份的蛋液、柴魚高湯、香菇、銀杏與蝦仁裝在碗中，
5 蓋上鋁箔紙，放人蒸籠中以大火蒸2分鐘，轉小火蒸4分鐘。
★煮太久會變硬，要根據雞蛋分量調整時間。

義大利風格 烘蛋

加入蔬菜而健康加倍的義式烘蛋，吃起來很像歐姆蛋，常加入番茄、花椰菜、火腿與培根等配料，繽紛的顏色讓人食指大動。義式烘蛋比韓式、日式蒸蛋硬一些，有時會用刀子切來吃，相當有飽足感，當作主菜也毫不遜色。義式烘蛋的關鍵在於火候，要用小火慢慢煮裡面才會熟透，如果沒耐心用了大火，會變硬不好吃。想用烤箱製作的話，為了防止水分蒸發，可蓋上鋁箔紙。

必備食材 菠菜（2把＝70g）、蒜頭（3瓣）、洋蔥（¼個）、彩椒（¼個）、雞蛋（4個）、橄欖油（2）
調味料 鹽（0.1）、胡椒粉（少許）、西洋芹粉末（少許）

1 滾水中加鹽（少許），汆燙菠菜後撈出，在冷水中沖洗，瀝乾。
2 蒜頭切薄片，洋蔥、彩椒切絲。
3 在雞蛋中加入調味料並打勻。
★雞蛋要打勻，烘蛋的色澤才會漂亮。
4 鍋中加入橄欖油（2）並拌炒蒜頭。待蒜頭熟後，放入其他食材以中火拌炒。
5 倒入蛋液，攪拌到半熟後轉小火，蓋上鍋蓋靜待5分鐘。
★也可用烤箱預熱180℃，加熱約20分鐘。

一日三餐
食譜

第 3 集

晚才島中華料理餐廳開張！

淡菜辣海鮮麵

홍합짬뽕

車珠媽在熟識的中華料理店學來辣海鮮麵的做法——真的好吃嗎？
香噴噴的辣海鮮麵加入晚才島的新鮮蔬菜和淡菜，顯得更加美味。
以大火快炒加上特製醬料，熱鬧的料理手法，讓晚才島搖身一變成為中華料理餐廳！

| 3人份 |

必備材料：白菜（8片）、洋蔥（1 ½個）、蔥（1根）、青陽辣椒（2根）、蒜頭（1顆）、淡菜（20顆以上）、陽春麵條（3把）**選擇性食材：**菠菜（2把）、紅蘿蔔（⅓個）、紅辣椒（1.5根）**調味料：**辣椒油（2）**調味醬：**糖（1.5）＋辣椒粉（3）＋醬油（2）＋鮪魚露（3）＋辣椒油（3）＋梅汁（2）＋小魚乾調味粉（少許）

#01

菠菜、白菜、蘿蔔切成一口大小；洋蔥切稍微大塊；蔥、紅辣椒、青陽辣椒斜切片；蒜頭切末或拍碎。

#02

熱鍋中加辣椒油（2），爆香蒜頭，再放入切好的蔬菜以大火快炒。

+ Cooking Tip

晚才島這道淡菜辣海鮮麵裡特別加了白菜和菠菜增添口感，不僅好吃，看起來也很豐盛。不過蔬菜熟的時間不同，較慢熟的洋蔥和蘿蔔要先炒，再放入白菜和菠菜，才能保留蔬菜的口感和鮮甜。

#03

蔬菜快熟時，加入覆蓋蔬菜的水煮滾。

#04

煮滾後將調好的調味醬放入，並攪拌均勻。

#05

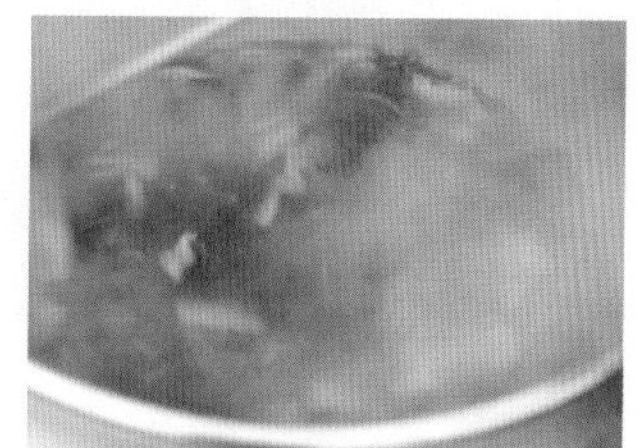

放入處理好的淡菜煮滾，試一下味道，不夠鹹再加鹽調味。

#06

另起一鍋水煮麵條，撈起後在冷水中泡一下，裝碗。

#07

淋上辣海鮮湯即可。

早上沒胃口？這個最開胃！

雞蛋捲 & 鍋巴湯

달걀말이 & 누룽지

天氣不好，人也跟著沒什麼胃口，但不知道為什麼，前天的剩飯煮成熱呼呼的鍋巴湯，不知不覺就能喝下一大碗。 胃口的問題消失無蹤，只要有鍋巴湯和雞蛋捲就OK了！

| 4人份 |

必備材料：雞蛋（5個）、蔬菜丁（適量）、鍋巴（適量）**調味料**：鹽（0.3）、胡椒粉（少許）

#01

將養雞場取來的雞蛋和蔬菜丁放在碗中，打勻。

#02

加鹽（0.3）、胡椒粉，均勻混合。

#03

熱油鍋，倒入蛋液。

#04

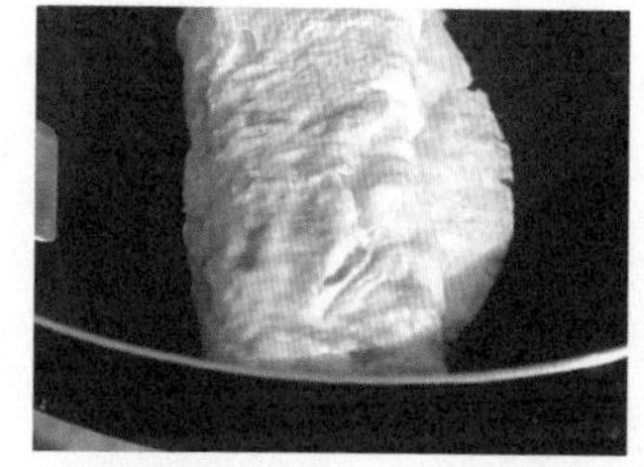

雞蛋半熟後，將平底鍋拿離開火爐，輕輕捲動蛋捲。

#05

再移到火爐上稍微煎一下。

+ Cooking Tip

蛋捲好吃的關鍵在於不讓蛋皮散開，蛋皮半熟時還具有雞蛋的黏性，此時最容易捲起來不會鬆開。蛋皮太熟不僅捲不起來，口感也較差。如果你還不太會做蛋捲，不妨像節目中一樣，離開火爐（或熄火）拿到一旁慢慢以湯匙或筷子捲好後，利用餘溫讓蛋捲熟透即可。如果蛋捲不夠熟，也可以再開小火煎一下。

#06

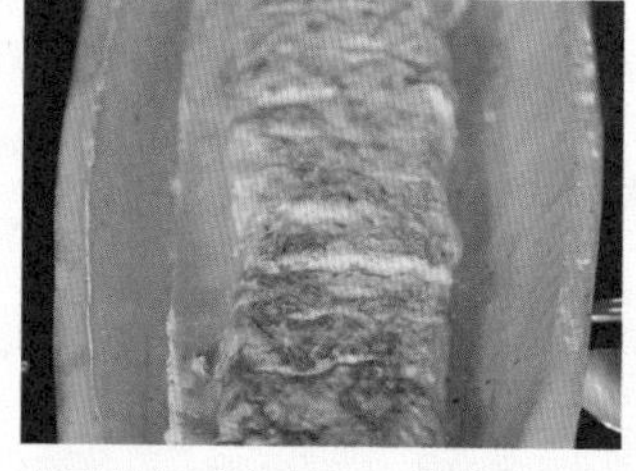

雞蛋捲切成容易入口的大小後裝盤。

#07

鍋巴加水放入大鍋中煮滾，一直煮到鍋巴變軟，像粥一樣濃稠即可。

晚才島爸爸記憶中的難忘料理

醃漬黑豆

콩자반

這對某些人來說可能只是餐桌上常有的小菜，對海真爸爸來說卻充滿了回憶。
說到小時候媽媽常做的小菜，一定能喚起大家不同的回憶，
今天就來試試看這道韓國人都吃過、充滿甜蜜好滋味的醃漬黑豆！

| 4杯分量 |

必備材料：黑豆（2杯）、芝麻（少許）**調味料：**醬油（4）、果糖（5）

#01

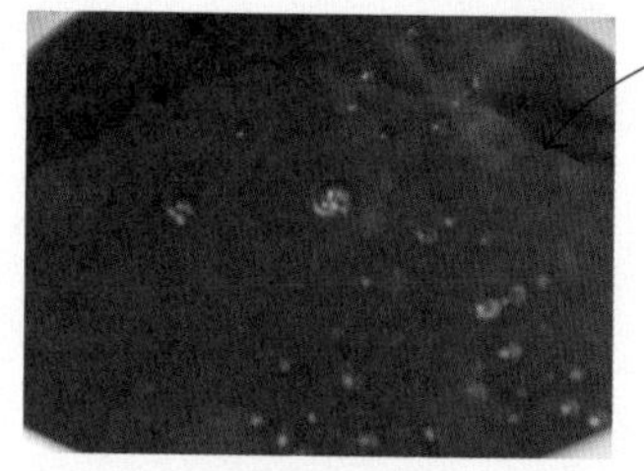

將泡過水的黑豆放到鍋中，加入淹過黑豆的水量，煮滾。

+ Cooking Tip

黑豆用水洗淨，加入乾淨的水浸泡半天後再煮，更好吃。

#02

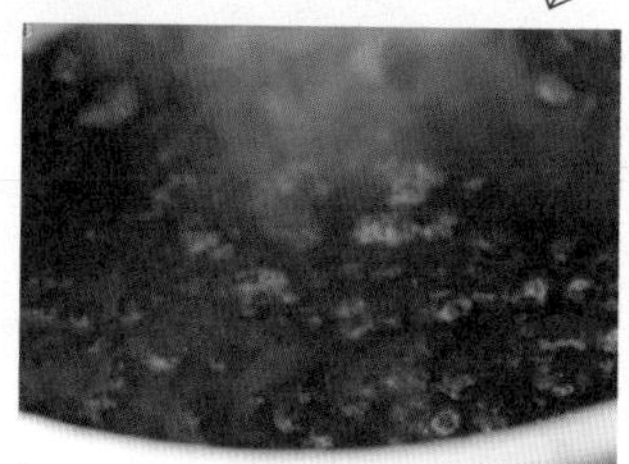

湯汁開始變黑色時，加入醬油（4）和果糖（5）繼續煮。

#03

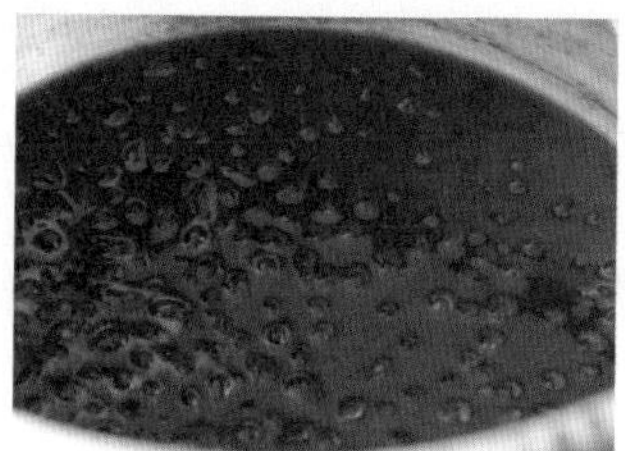

煮到醬汁快收乾後，灑上芝麻即可。

+ Cooking Tip

如果搞錯醃漬黑豆煮的時間和調味的時機，黑豆很容易變硬，因此對料理新手來說是相當困難的一道料理。訣竅是記得在黑豆第一次煮滾時就調味，並將黑豆和泡黑豆的水一起放下去煮，煮到黑豆用手稍微一捏就碎時即可。裝盤時要適量保留一些湯汁。

晚才島烘焙坊最受歡迎的NO.1

花卷

꽃빵

只要有麵粉，不管什麼都能做出來的晚才島烘焙坊，排名第1的產品就是花卷。
用油炸取代烘烤，口感香酥好吃。
節目中搭配花卷一起吃的辣椒雜菜，做法可參考P207。

| 10～12個分量 |

必備材料：中筋麵粉（3杯＝揉麵糰用300g＋防沾黏用30g）、熱水（1杯＋3）

★揉麵糰時加鹽（0.3）和糖（1）調味會更好吃。水的分量視揉麵狀況調整。

#01

麵粉加熱水，揉麵約30分鐘，直到麵糰成形後，以保鮮膜封起靜置40分鐘。

#02

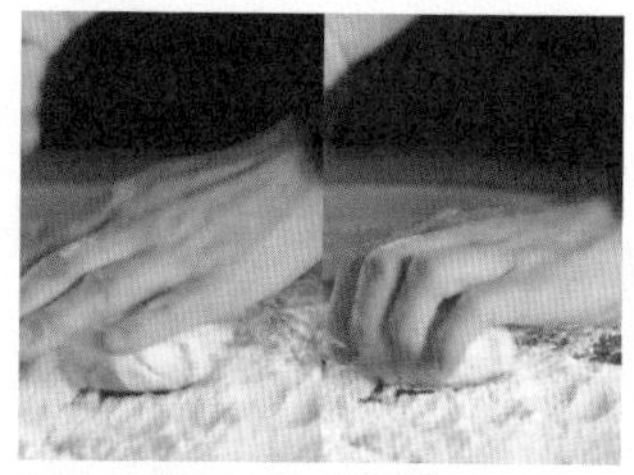

醒好的麵糰分成半個拳頭大，沾上一些乾麵粉搓成圓形。

+ Cooking Tip

在晚才島做的花卷麵糰，是直接用麵粉加水，若想要更軟更有嚼勁，可在揉麵糰時加一點酵母粉。酵母粉加微溫的水加一點糖，與麵粉一起揉成麵糰。在麵糰變乾前用濕潤的棉布或塑膠袋包起來，放在溫暖的地方15分鐘進行第1次發酵。等棉布或塑膠袋整個鼓起來時，輕輕按壓麵糰，消除起泡的部分，捏成想要的形狀後，再放10分鐘進行第2次發酵。就能蒸出柔軟好吃的花卷。

#03

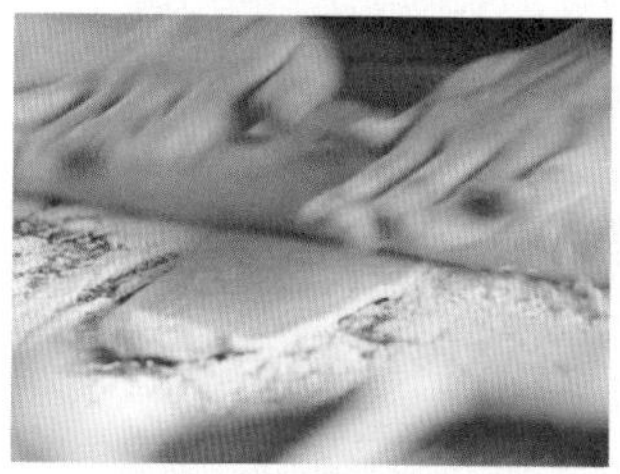

使用桿麵棍推成橢圓形餅狀。

#04

以刀子將麵糰修整成想要的大小，切掉多餘的部分。

#05

將麵糰由頭到尾捲成一卷。

#06

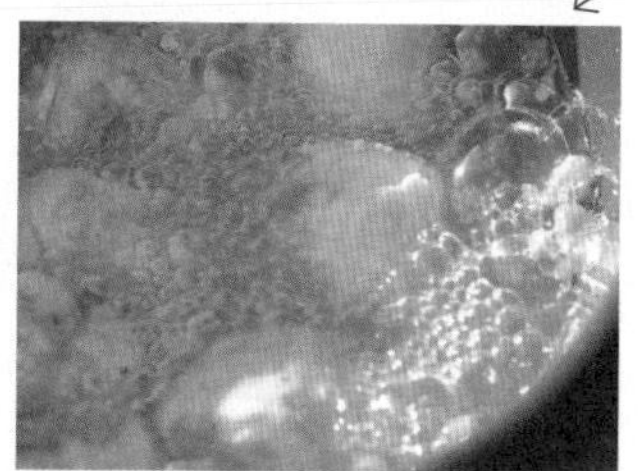

麵糰裹蛋液，再沾油炸粉後，放入180℃的油鍋中炸到金黃。

+ Cooking Tip

如果有和鍋子一樣大的蒸架，用蒸比用炸的好。由於蒸籠會布滿水蒸氣，要在裡面墊一條棉布，花卷表面會更光滑且不會被浸濕；炸花卷要注意油溫不能太低，否則麵糰會吸附太多油脂而變油膩，如果油溫太高又會造成表面熟裡面不熟，油溫以180℃為佳。可撕一小塊麵糰放入油鍋，麵糰立刻浮起來表示溫度OK了。

一種淡菜，兩種料理

淡菜飯 & 淡菜海帶湯

홍합밥 & 홍합미역국

活用一種食材做出兩道料理，絕對是節省料理時間的祕訣！
在四面環海的晚才島，新鮮的淡菜不論熬湯、快炒或入飯都超級好吃。
快利用海洋珍寶「淡菜」完成富含海洋氣息的一桌料裡吧！

|4人份|

淡菜飯必備食材：淡菜肉（3杯）、浸泡過的米（3.5杯）、水（3.5杯）**調味料：**香油（1）

淡菜海帶湯必備食材：海帶（3把）、淡菜肉（2杯）**調味料：**香油（3）、蒜末（1）、湯用醬油（2）、鹽（適量）

#01

淡菜汆燙後備用。

#02

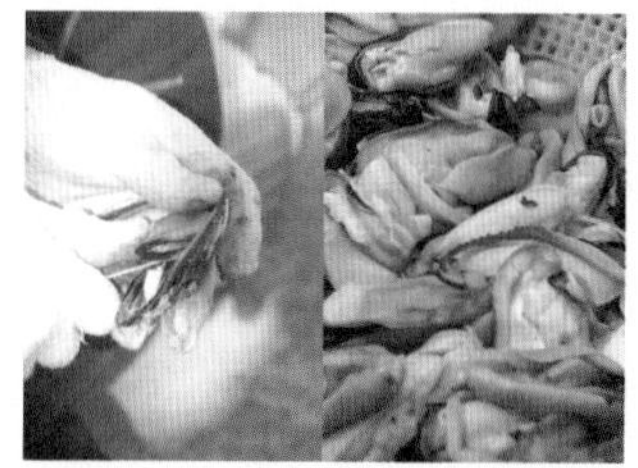

挖出熟的淡菜肉，去除鬚鬚。

#03

平底鍋中放入香油（1），拌炒淡菜。

+ Cooking Tip

煮淡菜飯前先用香油炒淡菜，可減少腥味，也不會失去淡菜的口感。在家裡做時，可將浸泡過的米和淡菜，加香油、湯用醬油、蒜末、蔥末和清酒炒過再煮，飯會更好吃。由於香油不耐熱，易燒焦，要用中火輕輕拌炒。

#04

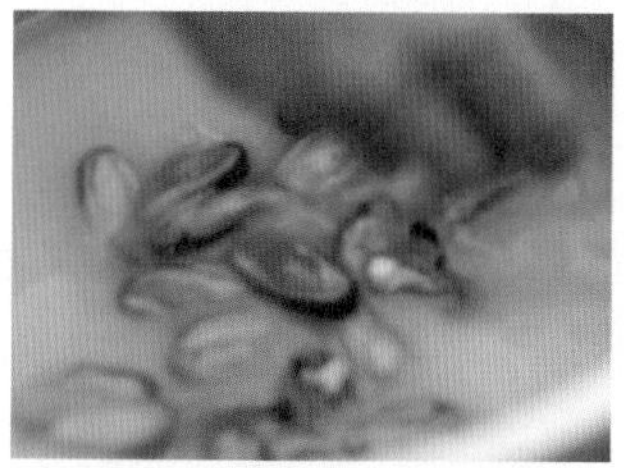

飯鍋中放入泡過的米和炒過的淡菜煮成飯。

#05

鍋中放入香油（2）炒一下海帶後，加水煮湯。

+ Cooking Tip

乾的海帶遇水會漲成5～8倍大，要特別注意分量。

#06

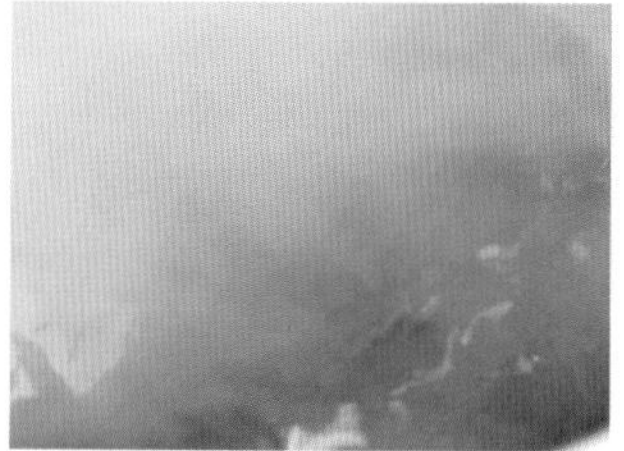

加入蒜末（1）再煮一會。

#07

放入淡菜肉再次煮滾後，加香油（1）與湯用醬油（2），試一下味道，不夠鹹再加鹽調味即可。

+ Cooking Tip

料理手藝出眾的車珠媽果然避開了海帶湯的失誤關鍵。海帶湯如果只用湯用醬油調味，不僅味道會變怪，湯的顏色也會變黑。最好同時使用湯用醬油和鹽調味，如果覺得味道不夠甘醇，可再加一點魚露。

形如其名，美味又神秘

涼拌龜足

거북손무침

生長在海邊岩石上的甲殼類動物「龜足」（Percebe），在臺灣普遍稱「佛手貝」，不僅形狀奇特，味道也令人好奇。自從《一日三餐》將它端上桌，很多觀眾透過特定的魚市或海產店訂購，成為人氣珍饈。奇特的龜足料理方法卻意外簡單，水煮後即可輕易挑出殼中的肉，沾醋醬就很美味，也可像車珠媽一樣涼拌。

| 3人份 |

必備食材：龜足肉（2杯）、洋蔥（半個）、蔥（1根）、蒜頭（2瓣）

調味料：辣醋醬（3）、芝麻（1）、辣椒粉（1）、香油（1）、梅汁（1.5）

+ Cooking Tip

煮龜足時水量稍微淹過即可，不用太多。加點清酒更能消除腥味。

#01

滾水中放入龜足煮熟，挑出龜足肉。

#02

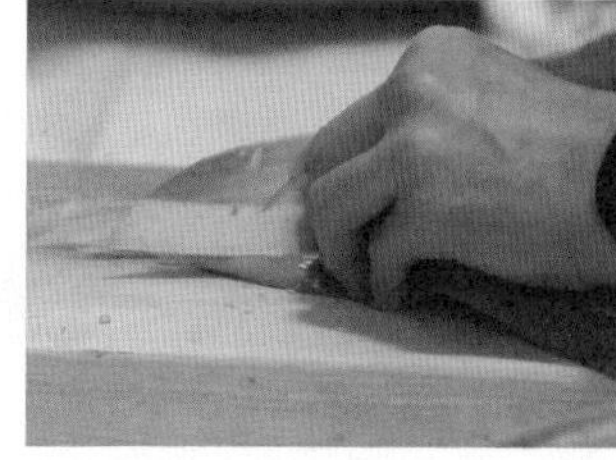

洋蔥切絲，蔥切段。

#03

大碗中放入龜足肉、洋蔥、蔥、蒜末、辣醋醬（3）、芝麻（1）、辣椒粉（1）、香油（1）和梅汁（1.5）。

#04

將所有材料拌勻即可。

滿滿海鮮精華

辣海鮮麵

해물짬뽕

《一日三餐》在晚才島做的海鮮麵滿是爽口的蔬菜，
但一定很多人認為辣海鮮麵絕對要有滿滿的海鮮才是王道，因此特地為大家準備了滿是海鮮的辣海鮮麵，不如挑一道自己喜歡的跟著做，如何？

| 3人份 |

必備食材：青江菜（2株）、洋蔥（1個）、蔥（30cm）、蒜頭（3瓣）、魷魚（1隻）、貝類（3杯）、蝦子（中型6尾）、豬肉絲（100g）、麵條（3人份）★可用白菜或高麗菜替代青江菜 **選擇性食材：**竹筍（1個）、生薑（3片）、青陽辣椒切片（1根）**豬肉調味料：**鹽（少許）、胡椒粉（少許）**調味料：**辣椒粉（2.5）、鮮蚵露（1.5）、清酒（2）、濃醬油（1）、湯用醬油（1）、胡椒粉（0.2）、鹽（適量）

1 竹筍洗淨，切成容易入口大小；青江菜切除蒂頭後，切4～6等份。

2 洋蔥、蔥、蒜、生薑切細絲。

3 魷魚去除內臟後，將頭和身體分開，去除頭部的眼睛和嘴巴等部位，切成容易入口的大小；貝類泡鹽水吐沙後洗淨；蝦子洗淨。

4 豬肉絲加鹽、胡椒粉調味。

5 鍋中加入油（3），開中火，放蒜頭、生薑爆香後轉大火，再放洋蔥、蔥、豬肉絲、辣椒粉（2.5）和鮮蚵露（1.5）拌炒。

此步驟是炒出辣海鮮麵辣度的關鍵，一定要炒出洋蔥的甜味和蔥的辛味，需以大火持續拌炒。

6 豬肉變色後，放入海鮮和清酒（2）再炒一下，加入水（5杯）煮滾。

7 水滾後加濃醬油（1）、湯用醬油（1）、胡椒粉（0.2），轉中火續煮。

8 待海鮮熟了、湯也變濃郁時，加竹筍、青江菜和青陽辣椒片再煮一下，不夠鹹可加鹽調味。

9 另起一鍋水煮麵條，熟後過一下冷水再裝碗，倒入辣海鮮湯即可。

肉香四溢，辣味帶勁

搭配花卷最好吃的辣椒雜菜

꽃빵을 곁들인 고추잡채

《一日三餐》中，這道香辣雜菜實在做得太快了，讓人來不及看清楚。
現在就詳細教大家做，且特別在這道料理中加入肉絲，包準美味更加倍。

| 2人份 |

必備材料：豬肉絲（200g）、洋蔥（半個）、青椒（1個）、紅色彩椒（1個）、花卷（6個）**選擇性食材**：青陽辣椒（1根）、辣椒油（1.5）**豬肉醃料**：鹽（少許）、胡椒粉（少許）、薑末（0.2）、清酒（1）**調味醬**：辣椒粉（1）＋醬油（1）＋ 味醂（1）＋鮮蚵露（1）＋果糖（1.5）＋香油（0.5）＋芝麻（1）＋鹽（少許）＋胡椒粉（0.1）

1 豬肉中加入醃料。

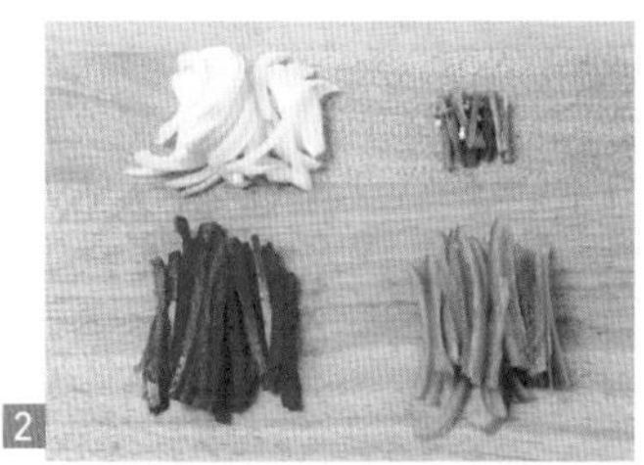

2 洋蔥和青陽辣椒切絲，青椒去除蒂頭和籽後切絲。

3 將調味醬材料均勻混合。

4 將花卷放到蒸鍋中蒸5分鐘。

5 蒸花卷的同時，平底鍋開大火，加入辣椒油（1.5），放入豬肉絲拌炒，注意豬肉絲要用鍋勺撥開，不要黏成一團，豬肉熟後再放入洋蔥拌炒。

6 等豬肉和洋蔥都炒得油亮，洋蔥開始變透明時，加入青椒和青陽辣椒略炒，放入調味醬快速拌炒，熄火。

炒蔬菜要用大火快炒，蔬菜才會清脆，不會流失太多水分，更容易入味。本食譜添加彩椒創造清脆鮮甜口感，喜歡重辣口味的人也可以青辣椒和紅辣椒來替代。

7 雜菜與花卷一同裝盤即可。

不比醃漬黑豆遜色的古早味韓式小菜

炒小魚乾

멸치볶음

在韓國人的飯桌上，還有一道小菜出場率不亞於醃漬黑豆，那就是炒小魚乾。
炒好後可存放冰箱裡吃很多天，還能一直維持酥脆香甜的口感，也是很好的零嘴喔！

| 4人份 |

必備材料：小魚乾（1.5杯）**選擇性食材**：即食杏仁（0.5杯）**調味料**：醬油（1.5）、糖（1）、果糖（1）、芝麻（1）

1 開中火，將小魚乾鋪在平底鍋上，輕輕拌炒消除腥味。

2 以濾網濾除多餘的粉末碎屑。

3 將平底鍋擦乾淨，以中火熱油（1.5），放入小魚乾和杏仁拌炒。

炒小魚乾可放入杏仁或核桃等堅果，不僅增加口感和香氣，還有益健康。若不加杏仁，小魚乾的量要減少0.5杯。

4 炒到油幾乎看不見、小魚乾略帶金黃色澤時，加入醬油（1.5）和糖（1）均勻拌炒。

5 加入果糖（1）再炒一下後熄火，灑上芝麻（1）即可。

果糖要最後加才不會變硬。炒好待完全冷卻後再裝到保鮮盒存放，才可維持口感，不會產生濕氣。

還也很美味！
進階食譜
第 3 集

做法簡單，常做也OK

淡菜飯

홍합밥

生活在都市中的我們，很難看到活生生的淡菜，想念海洋的風味時，不妨試試易買又方便料理的淡菜乾吧！淡菜乾是將淡菜風乾後保存，還會產生獨特的香氣呢！

| 2人份 |

必備材料：淡菜乾（1杯）、米（1.5杯）**選擇性食材：**海帶（1片＝5X5cm）**調味料：**香油（1.5）、蒜末（1）、味醂（1.5）、醬油（1.5）

1 將淡菜乾以流動的水洗淨，泡水30分鐘～1個小時，瀝乾水分。

2 米清洗2～3次後，浸泡30分鐘，瀝乾，留下洗米水（2 ⅓杯）

3 中火熱鍋，放入香油（1.5）、蒜末（1）、淡菜拌炒，加入味醂（1.5），放入米炒1～2分鐘。

4 放入洗米水，加醬油（1.5）和海帶，蓋上鍋蓋以大火熬煮。

5 煮滾後轉中火再煮8分鐘，之後熄火放置5分鐘。

這道淡菜飯已經有調味了，不過吃重口味的人，可拌入特製醬料。調味醬做法如下：辣椒粉（1）＋醬油（3）＋蒜末（0.3）＋蔥花（2）＋香油（1）＋芝麻（1）混合即可。此醬料與黃豆芽飯或其他飯都很搭，是萬能醬料喔！

這也很美味！
進階食譜
第 3 集

蛤蜊湯底最棒了

蛤蜊海帶湯

바지락미역국

風味獨特的淡菜和鮮美的蛤蜊，都是非常適合放入海帶湯中的海鮮食材，如果以蛤蜊做湯底，不需再經過任何調味就夠鮮美了。重口味的人也可加入湯用醬油和鹽。

| 2人份 |

必備材料：海帶（⅓杯）、蛤蜊（2 ½杯）**調味料：**清酒（1）、香油（2）、蒜末（0.3）、湯用醬油（0.5）、鹽（少許）

1 海帶泡水30分鐘。

2 海帶變軟後，在水中輕輕搖晃清洗後，瀝乾，切成3～4等份。

3 鍋中放入蛤蜊和水（2.5杯），以中火煮滾後加入清酒（1），蛤蜊開口後撈出備用。

蛤蜊開口即表示熟了，如果不趕快撈出來，肉就會縮小變老。先撈出最後再放進去即可。要把肉單獨剝出來便於食用也OK。

4 另起一鍋，開中小火，加香油（1）、海帶、蒜末（0.3）略炒2～3分鐘。

5 倒入蛤蜊高湯，以中小火續煮10分鐘。

6 加湯用醬油（0.5）、香油（1）再次煮滾後，放入剛撈起的蛤蜊，加鹽調味即可。

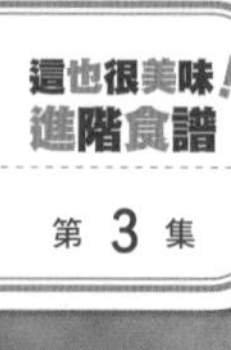
這也很美味！
進階食譜
第 3 集

誰都會愛上的Q彈口感

涼拌螺肉

골뱅이무침

海鮮類的彈牙好滋味人人都愛，其中最容易購買到的食材應該是螺肉了，
根據不同的季節加入當季清脆的野菜，拌入酸酸辣辣的辣醬，立刻變成絕妙美味。
無論當消夜或下酒菜都適合，搭配啤酒時，炸螺肉也很不錯喔！

|2人份|

必備材料：黃瓜（¼個）、洋蔥（半個）、蔥（15cm）、螺肉罐頭（1小罐＝140g）**選擇性食材：**高麗菜（3片）、水梨（⅙個）、細麵（1把）**調味醬：**辣椒粉（1）＋醬油（1）＋醋（2）＋蒜末（0.5）＋辣椒醬（1）＋梅汁（2）＋果糖（2）＋香油（1）＋芝麻（1）

1 將調味醬材料混合均勻。

2 高麗菜、洋蔥、蔥切絲；小黃瓜、水梨切薄片。

涼拌螺肉的蔬菜可根據個人喜好選擇，野菜類或是豆芽類都很適合。生菜可代替高麗菜，或只加小黃瓜也很好吃。

3 瀝乾螺肉的水分，切成2等份。

4 細麵煮熟後泡冷水，瀝乾。

螺肉Q彈有嚼勁，最適合搭配細麵。想要麵條口感比較鬆軟的話，煮的過程中可分2～3次加入冷水。麵熟後要立刻放到冷水中，並用手輕輕攪動一下，去除殘留在表面的澱粉。

5 將準備好的蔬菜和螺肉一起放入碗中，與調味醬拌勻後，和細麵一起擺盤即可。

只要一把剪刀就能輕鬆搞定 海鮮處理法

就算刀功不好，只要一把剪刀在手就能輕鬆處理海鮮。剪刀比刀子更容易使用，還能俐落地將食材剪成想要的大小。放下難以掌控的刀子，一起進入剪刀的世界吧！

魷魚處理法

處理魷魚大致可分成3個部分：身體、內臟和腳。魷魚內臟在身體內，腳和身體連接的部位有眼睛，腳的內側有嘴巴，這些都要仔細去除。在處理過程中，可能會使魷魚的美味流失，因此要盡快將身體洗淨瀝乾，用鹽巴仔細搓魷魚腳，才能將沾黏的分泌物完全洗淨。

Plus tip 連剪刀也用不著

用牙籤搞定蝦子

蝦腸烹調後會變明顯，最好先處理掉。

1 去除和頭相連的背部硬殼與腳。
2 去除蝦子的尾扇。
3 將蝦子放平，以牙籤戳入背部第2、3節的位置。
4 勾住蝦腸，慢慢向上拉出。

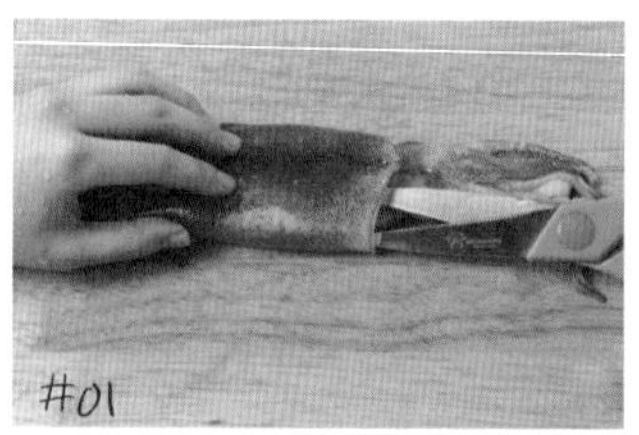

將剪刀深入身體，剪掉身體與腳的連結。

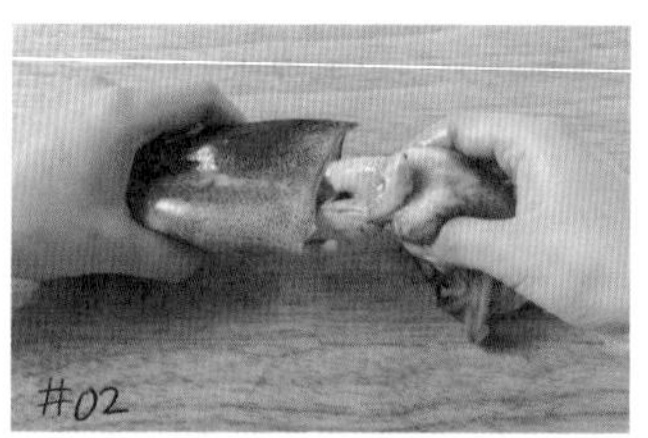

慢慢將腳拉出，注意不要弄破內臟。

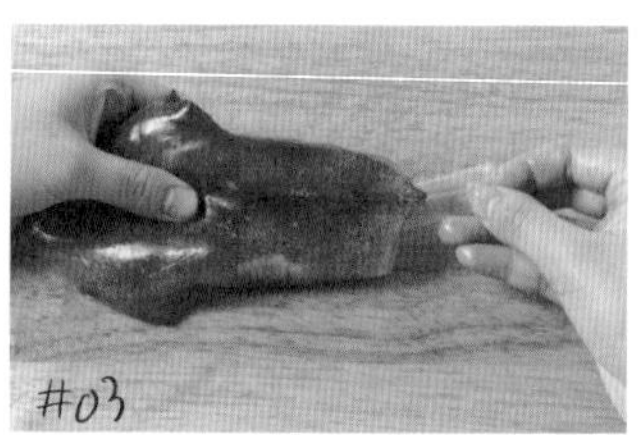

抓住身體內部的軟骨並取出，將身體內部洗淨。

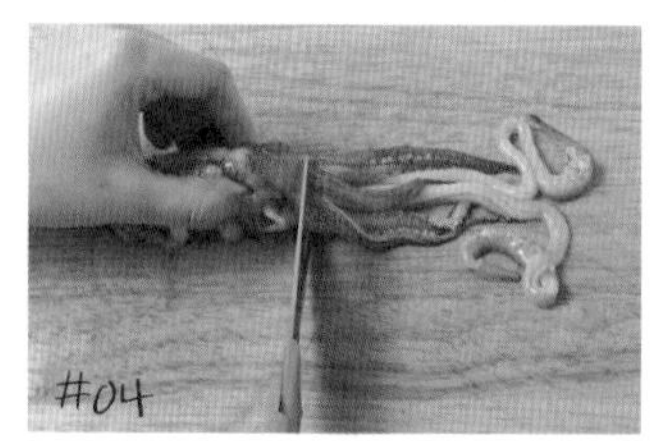

以剪刀剪掉內臟和黏在上面的眼睛。

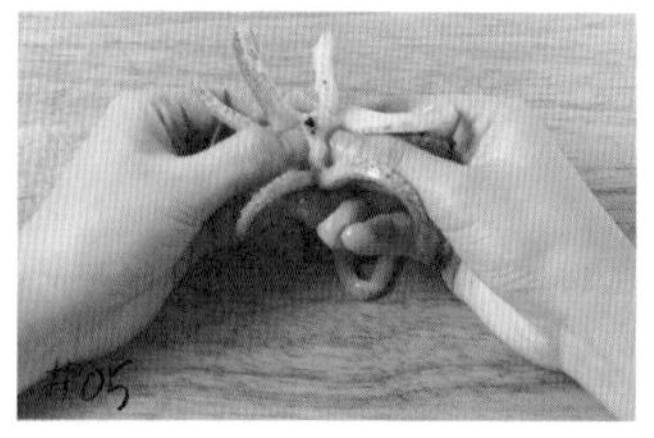

翻開腳的內部，雙手擠壓出口器並去除。

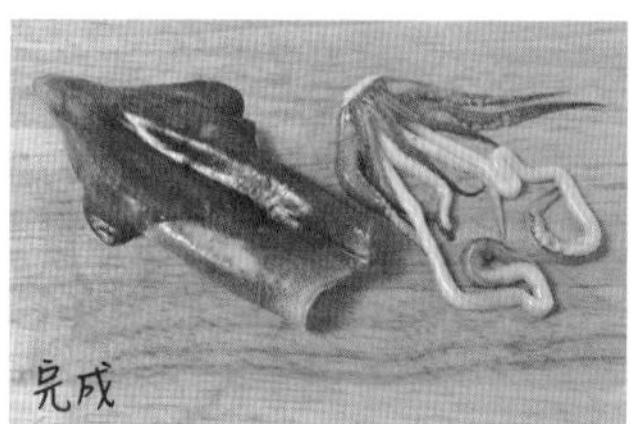

鮑魚處理法

可將鮑魚處理乾淨又不會弄破內臟的訣竅。

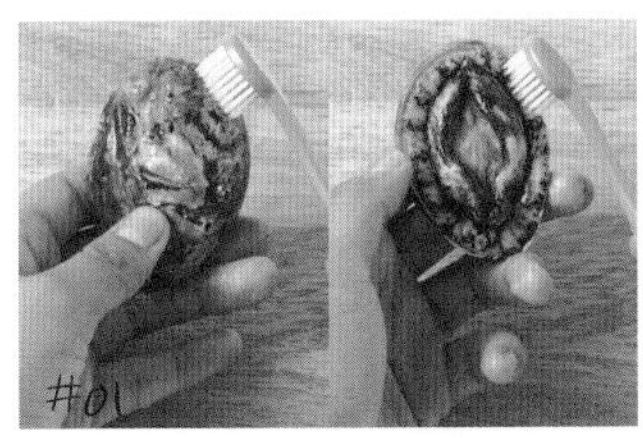
殼朝下，在肉的部分灑上糖，以牙刷按壓輕刷。以糖取代鹽清洗，可維持鮑魚肉的柔嫩，並去除黏液。

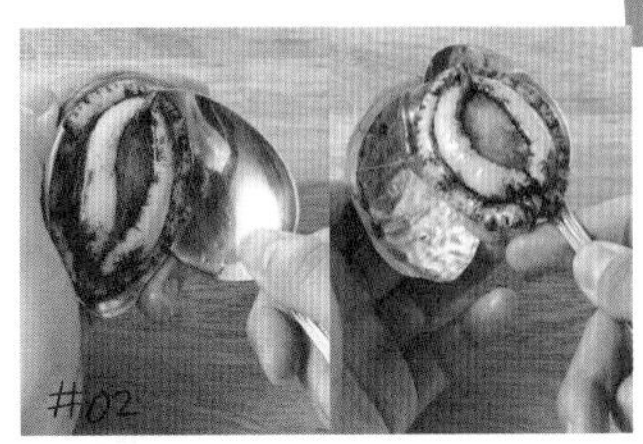
將湯匙把殼和肉分開。注意湯匙要挖有內臟膜的另一邊，才不會弄破內臟。

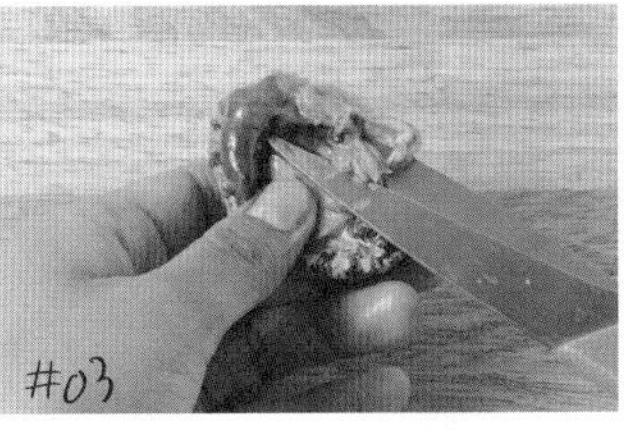
以剪刀將黏附在邊邊的膜剪掉。

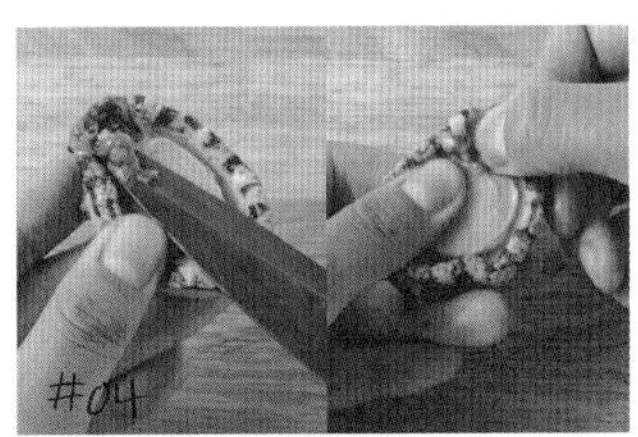
內臟也以剪刀剪掉，紅紅的牙齒直接以手抽出來即可。

魚類處理法

適合用在處理黃花魚或鯽魚等需整隻料理的魚類時。

將剪刀持平，以逆鱗方向刮除魚鱗。

將鰭和尾巴剪到只留約0.3cm程度。

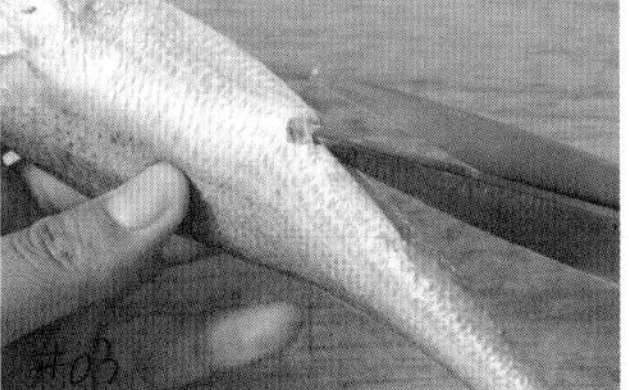
稍微剪開魚肚下方透明的地方，這裡是連接內臟與肛門之處。

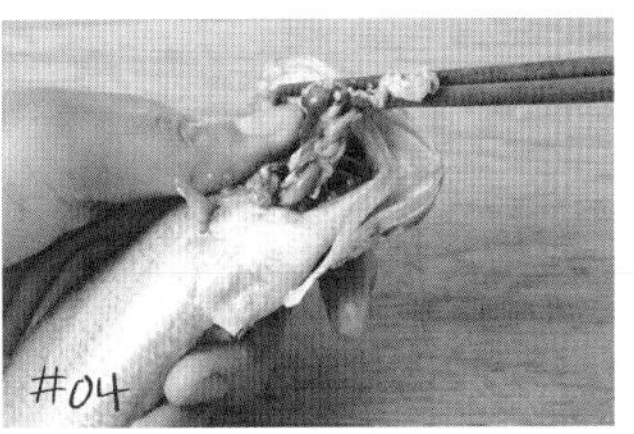
去除魚鰓，從此處將筷子深入，一邊扭轉一邊將內臟拉出來。

Plus tip

剪刀生鏽或不好用時的緊急措施

可樂：將剪刀在可樂中浸泡10分鐘後取出。可樂含有檸檬酸和磷酸，具有洗淨剪刀的效果。

玻璃瓶&鋁箔紙：可利用玻璃瓶的瓶口或鋁箔紙來磨剪刀，就能讓剪刀像新的一樣。

一日三餐健康食材

到處都能買到的 淡菜乾

淡菜乾是指新鮮淡菜加以風乾後的成品。風乾後不只便於保存、延長保存期限，更增添了新鮮淡菜所沒有的獨特風味。淡菜乾使用前需先泡冷水30分鐘～1小時，在流動的水中洗淨後使用。

充滿鮮味的 蛤蜊

蛤蜊等貝類料理前一定要先吐沙，如果沒有經過這道步驟，貝殼裡的泥沙會讓湯變混濁。吐沙用的鹽水只要3%濃度即可，可裝在不透光的不鏽鋼碗中，以黑色塑膠袋或鋁箔紙包覆，靜置2個小時，待其吐沙後，再互相搓洗外殼洗淨。

清脆甜美的 彩椒

新鮮的彩椒要顏色鮮明、充滿光澤且蒂頭處不乾燥。一般又把綠色彩椒稱為青椒，其實都是同屬同種。黃或橘色彩椒肉質比青椒厚，含水量高且相當香甜，在料理中常有畫龍點睛的配色效果。根據不同的植物性色素，對女性身體健康頗有助益。

種類繁多的 黑豆

你知道嗎？黑豆的種類其實很多，只要稍加注意就會發現，黑豆的色澤或形狀相當多變。黑豆分成青仁與黃仁，主要是根據豆仁的顏色區分。常做成醃漬黑豆罐頭的是體積較大、略呈橢圓形的烏皮黃仁豆，咀嚼時有甜味，常被運用在多種料理上。而烏皮青仁豆雖然也常被運用在罐頭和飯上，因為本身甜味較重，在韓國常被用來做成雜糧年糕。而黑豆中體積最小、呈圓形且有光澤感的小黑豆，因具排毒功效又被稱為「藥豆」。

又辣又順口
辣醬鍋
고추장찌개

切得大塊大塊的蔬菜加上熱呼呼的辣湯，是最適合驅寒的湯品。
這道湯裡的好料，還有和龜足一樣生長在海邊岩岸、呈橢圓形的蓮花青螺貝，
在韓國又有小鮑魚之稱，因含有精氨酸，是提升肌力和精力的好食材。

| 2人份 |

必備材料：馬鈴薯（2個）、洋蔥（1個）、蔥（15cm）、紅蘿蔔（⅓根）、蓮花青螺貝（3杯）**調味料：**辣椒醬（3）、鹽（適量）、辣椒粉（2）

#01

馬鈴薯削皮、切塊。

#02

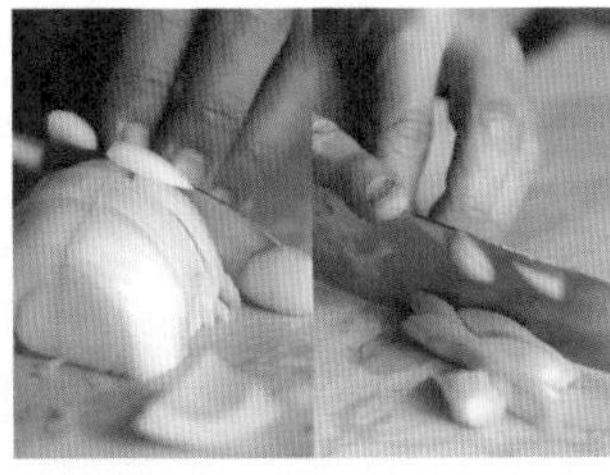

洋蔥切十字；蔥斜切成片；紅蘿蔔切成半圓形。

#03

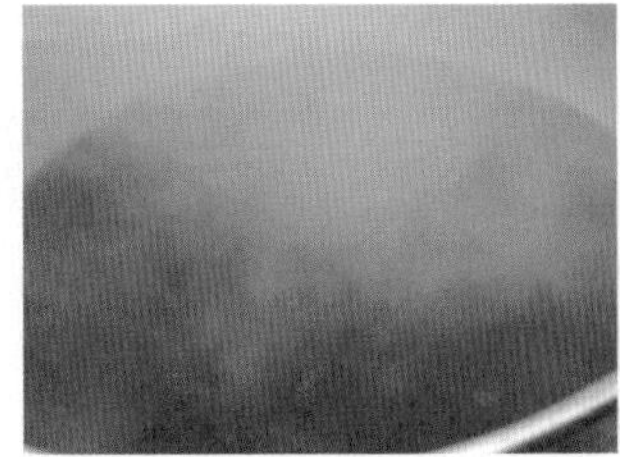

鍋中加入水（4杯），煮滾後放入辣椒醬（3）攪拌均勻。

#04

放入處理好的蔬菜和蓮花青螺貝。

+ Cooking Tip

蓮花青螺貝在放入湯之前要先汆燙過，挑出肉或直接放入均可。

#05

食材都熟了後，試一下味道，不夠鹹再加鹽和辣椒粉（2）調味。

+ Cooking Tip

沒有蓮花青螺貝也可用蛤蜊、淡菜等貝類取代，一樣能煮出鮮甜好湯頭。喜歡螺肉口感的人也可添加螺肉，不過若選用螺肉，最好加一點小魚乾昆布高湯來補足湯頭味道。

溫暖一碗粥，療癒你我心

龜足粥

거북손영양죽

車珠媽為頂著寒風、枯坐岩石上釣魚的海真爸爸準備了營養粥，不只能補充精力，
還能溫暖連續好幾天都釣不到魚的沮喪心情。
龜足的營養價值豐富，就像鮑魚一樣，今天就讓我們用這碗粥來療癒心靈吧！

| 4人份 |

必備材料：龜足（5杯）、紅蘿蔔（⅓根）、浸泡過的米（3杯）**調味料**：香油（2）、湯用醬油與鹽（適量）

#01

將龜足用水煮熟，從殼中剝出肉。

#02

紅蘿蔔切末；龜足肉切小塊。

#03

鍋中放香油（2）爆炒紅蘿蔔和龜足肉，放入浸泡過的米略炒。

#04

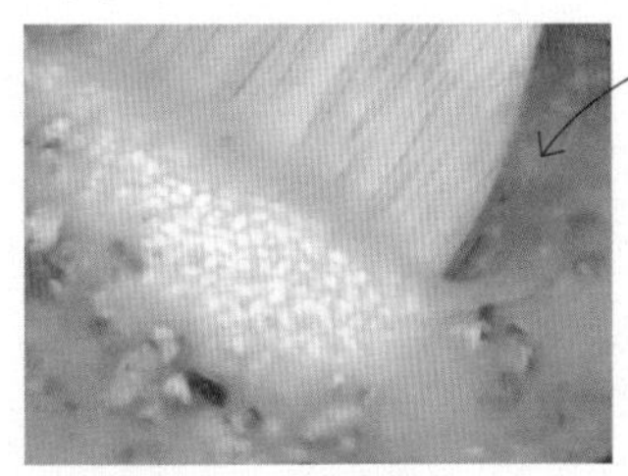

待米開始呈透明狀後加水，一邊攪動一邊煮至米稠爛為止。

+ Cooking Tip

煮粥的水量不太容易掌控，一般來說水約是米的6倍，煮出的濃稠度最剛好。可用泡過的米或是先用攪拌機將米攪碎一半後再煮。

#05

加湯用醬油或鹽調味。

+ Cooking Tip

粥先調味容易變冷，如果不是馬上要吃就不用先調味。

彈牙口感百分百

手工魚糕 & 魚糕湯

수제어묵 & 어묵탕

因為釣魚實力太差，晚餐又沒有豐盛大餐可以吃了。手邊可用的海鮮太少，只好加入蔬菜來充實分量，做成健康美味的手工魚糕。手工魚糕可是美味到連工作人員都驚呼一定要親手做做看呢！

必備材料：石斑魚（3隻）、淡菜肉（1杯）、高麗菜（30g）、紅蘿蔔（30g）、雞蛋（1個）、麵粉（5）**高湯材料：**蘿蔔（1大塊）、小魚乾（10隻）、昆布（2片）、花蟹（1隻、）蒜末（1）、湯用醬油（1）**選擇性食材：**番茄醬（適量）**調味料：**湯用醬油（適量）、鹽（少許）、胡椒粉（少許）

#01

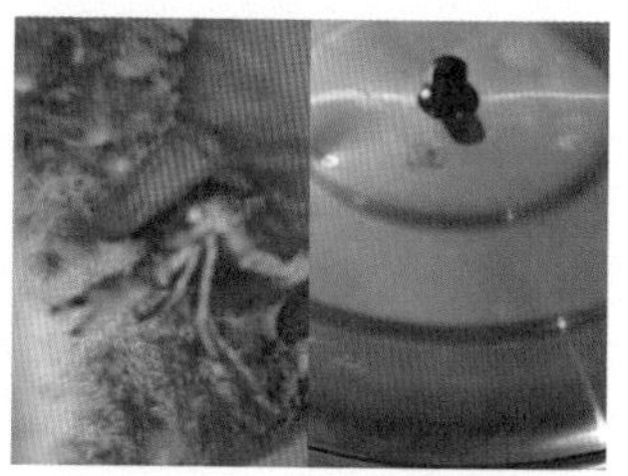

蘿蔔切大塊，小魚乾去除尾巴和內臟。鍋中放入蘿蔔、小魚乾、昆布、水（5杯）以大火煮滾。蘿蔔到一定的熟度後加入蒜末和湯用醬油，再放花蟹熬湯底。

#02

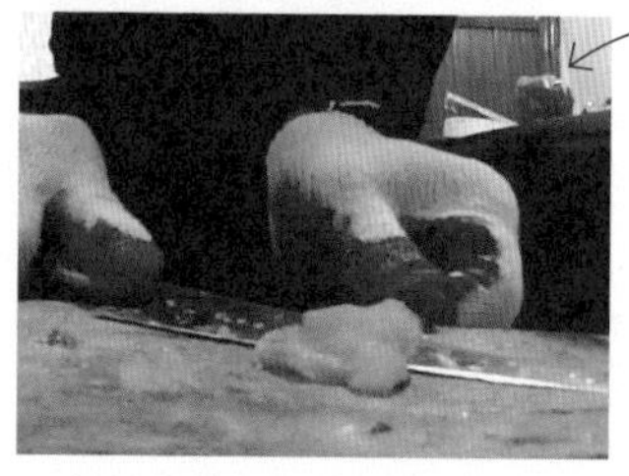

石斑魚去皮去骨，留下肉。

+ Cooking Tip

在家做建議選用明太魚或鱈魚等白肉魚，就能做出無腥味的魚糕，也可加入蛤蜊肉、魷魚或蝦肉。

#03

根據想要的口感來剁碎魚肉。

#04

淡菜的肉也剁碎。

+ Cooking Tip

所有要加入魚糕的食材都必須剁碎，想要吃到蔬菜的口感，可切得略大一點。但切太大塊不容易塑形，因此蘿蔔或洋蔥一定要切末，幫助成形。

#05

蔬菜切末，加入鹽和胡椒調味，再打一顆蛋，拌勻。

#06

將剁碎的魚肉和淡菜肉放入，一直攪拌到產生黏性。

#07

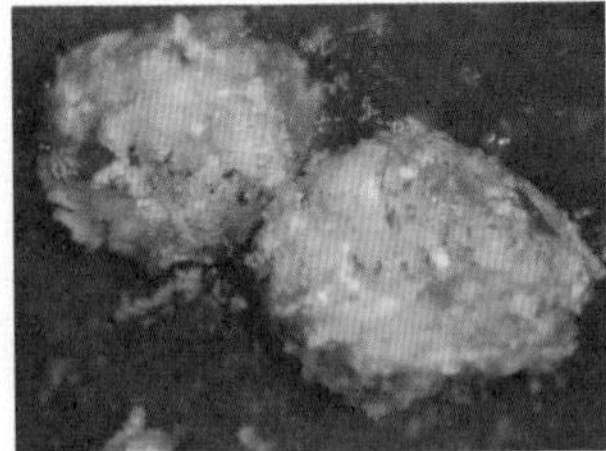

魚糕捏成圓形，放入170℃油鍋中炸。

#08

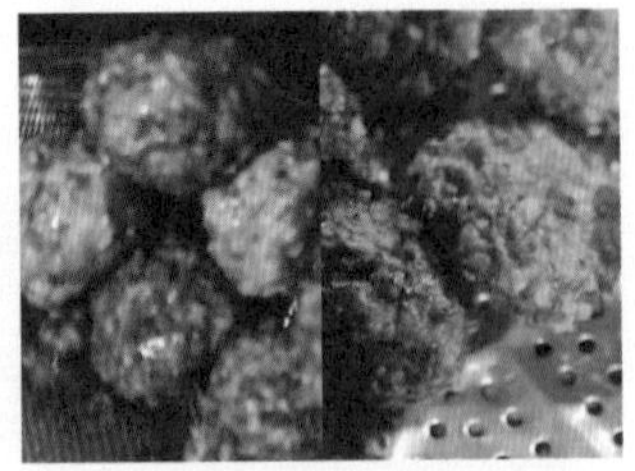

呈金黃色後用濾網撈出，瀝乾多餘油分。

+ Cooking Tip

油炸時一定要等油溫高到一定程度才能放入魚糕。因為油溫太低，魚糕會吸附油脂而變油膩，也容易散掉。要確認油溫，可將竹筷放入油鍋中2～3秒，竹筷周邊如果出現小泡泡就表示油溫夠了。也可以撕一小塊魚糕放入，立刻浮起來就表示溫度夠了。

#09

熱狗形狀的魚糕可插在筷子上，淋番茄醬吃。

#10

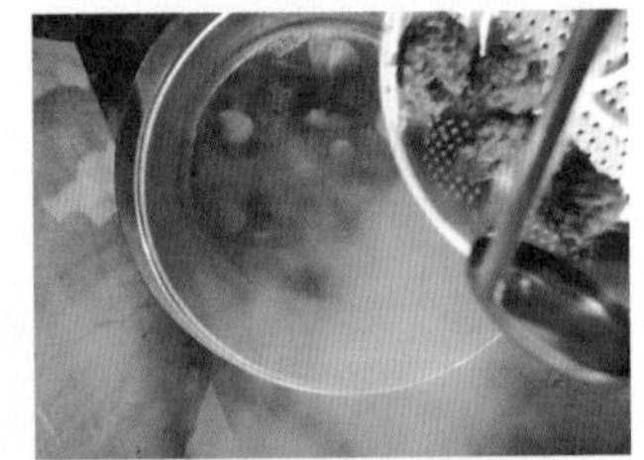

圓形魚糕放入高湯中煮成魚糕湯，水滾後以湯用醬油調味。

百搭沾醬DIY

番茄醬

토마토케첩

番茄醬可說是不管沾什麼都好吃的百搭沾醬，吃魚糕、薯條或蛋捲都少不了它！而這對我們來說唾手可得的醬料，大家應該沒有想過自己動手做吧？看了無添加化學調味料的晚才島牌番茄醬，你是不是也躍躍欲試呢？來做健康感滿分的番茄醬吧！

必備材料：番茄（4個）、洋蔥（2個）**調味料**：勾芡水（2）、醋（適量）、糖（適量）、鹽（少許）

#01

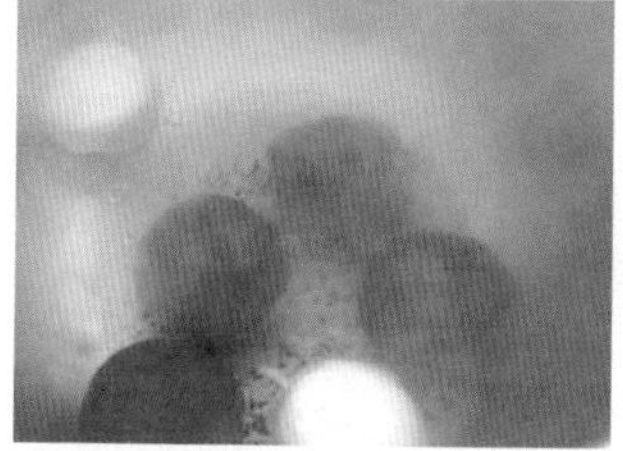

番茄和洋蔥放入水中煮，待番茄皮自然剝落即可撈出。

#02

碗中放上濾網，將煮熟的番茄與洋蔥搗碎。

#03

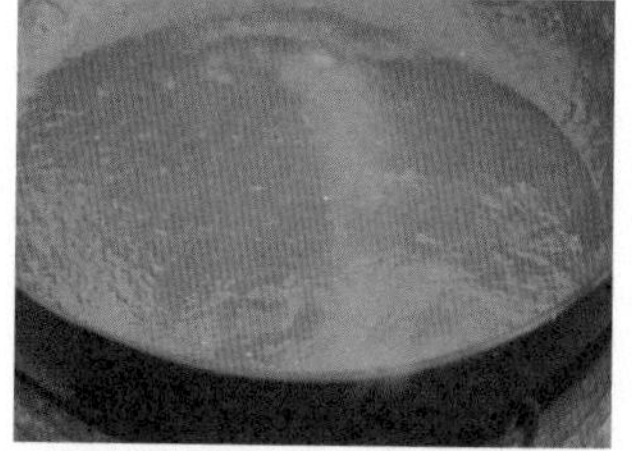

搗碎的番茄洋蔥泥放入鍋中煮，加入勾芡水（2）調整濃稠度，放醋、鹽、糖均勻混合。

#04

待蕃茄醬冷卻後裝瓶即可。

+ Cooking Tip

醋、鹽、糖的比例可根據個人喜好調整，也可用蜂蜜或果糖取代糖。

小雜魚也是珍貴的美味佳餚

炸海鯽

망상어튀김

對於晚才島的釣魚人來説，海鯽這種小魚被歸類為小雜魚，但即使是一條小魚，在好手藝的車珠媽手中，還是變成一道令人讚不絕口的美食！海鯽裹粉酥炸後，鮮脆的魚皮加上甜甜辣辣的醬料，讓炸海鯽立即晉身高級料理。

就連辣醬都是單純的糖和辣椒粉做成，平凡的調味，味道卻一點都不平凡呢！

| 2人份 |

必備材料：海鯽（1尾）、油炸粉（⅓杯）**選擇性食材：**辣椒絲（少許）**調味醬：**醬油（3）、辣椒粉（2）、糖（1）、辣椒（半根）、蔥（2根）、洋蔥（⅙個）

#01

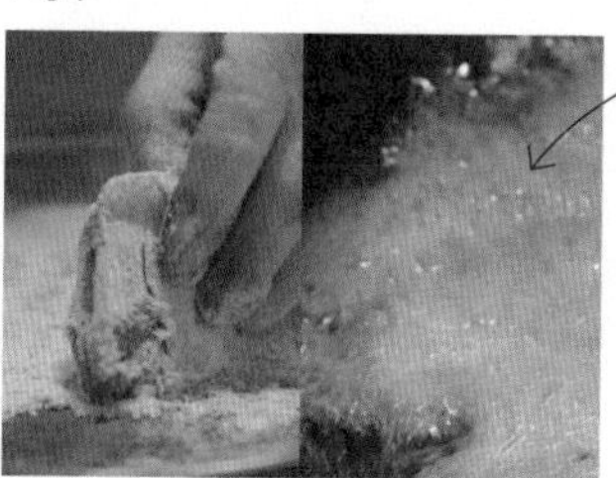

去除海鯽魚的頭、內臟和鱗，在身上畫幾刀後裹上油炸粉，放入油鍋中炸至金黃色。

+ Cooking Tip

海鯽最鮮美的節令是冬天，富含蛋白質且滋味鮮美，主要做成生魚片，其他季節的海鯽因為不夠肥美，主要烹調法有燉、煮、烤等。不過在都市中比較難購得，本食譜可以其他白肉魚取代。料理時加入一點芹菜，有助消除腥味。《一日三餐》中，將魚放進油鍋中炸的熱鬧畫面令人印象深刻！不過炸過魚的油很難再次使用，反而變成浪費，在家裡做炸魚建議使用平底鍋，加適量油，稍微搖動平底鍋幫助均勻加熱即可。

#02

辣椒、蔥和洋蔥切末，加入醬油（3）、辣椒粉（2）與糖（1）均勻混合成醬料。

#03

在炸好的魚上淋醬料，放上辣椒絲即可。

清爽沒有豆腥味

黃豆芽湯

콩나물국

當韓國人想簡單煮個湯時，黃豆芽湯就是不二選擇。
不過煮黃豆芽時如果一下打開鍋蓋、一下蓋著，反而容易產生豆類獨有的腥味。因此從一開始煮一直到煮熟為止，要維持一樣的狀態直到煮熟為止，才能完成清爽的豆芽湯。

| 3人份 |

必備材料：黃豆芽（3把）、蔥（½根）、泡菜（3杯）**調味料：**鮪魚露（2）、辣椒粉（3）、鹽（適量）

#01

黃豆芽擇洗乾淨；蔥斜切片；泡菜切成一口大小。

#02

小魚乾去除內臟，加泡菜與水熬湯。

#03

湯滾後放入蔥、黃豆芽，蓋上鍋蓋，一直到黃豆芽熟為止都不要打開。

#04

聞到黃豆芽熟的香味後，打開鍋蓋加入鮪魚露（2）、辣椒粉（3）、鹽調味。

+ Cooking Tip

煮鍋類或湯料理時，適度添加鮪魚露能增加湯頭鮮美。不過鮪魚露有一個獨特香氣，帶點腥味，加入湯中最好再以大火煮滾一次。雖然節目中是和黃豆芽一起放入，不過鮪魚露最後加比較好。另外，加入蒜末也能幫助消除腥味。

這也很美味！
進階食譜
第 4 集

適合所有人的營養補給粥

鮑魚粥

전복죽

對韓國人來說，當沒有精神、有氣無力時，最佳的補充食品就是鮑魚粥。要煮成香醇濃郁的鮑魚粥，不只用新鮮鮑魚，連內臟都要一起運用喔！

|2人份|

必備材料：米（1杯）、鮑魚（2個）**選擇性食材：**蔬菜丁（1杯）**調味料：**香油（2）、蒜末（0.5）、鹽（少許）、芝麻（1）

1 米清洗3次後，浸泡40分鐘，然後以濾網過濾。

泡米的水可拿來熬粥。

2 蔬菜切丁備用。

3 用刷子處理鮑魚外殼，然後以湯匙挖出肉和內臟。

使用新鮮鮑魚，連內臟都可以加入，讓鮑魚粥香氣更濃郁。怕腥味的話，可加入蒜末去除腥味。

4 將鮑魚肉邊邊上的嘴巴以刀子切除。肉切薄片，內臟也切一下。

5 中火熱鍋，加香油（2），放入鮑魚內臟和蒜末（0.5）略炒，再放入浸泡過的米炒一下。

注意鍋底不要燒焦，一邊攪拌一邊炒到米開始變透明。

6 倒入水（6杯，包含剛剛泡米的水），大火煮滾後轉中小火煮，放入蔬菜和鮑魚，一邊攪拌再煮15分鐘。

可在泡米水中加入昆布或蔬菜高湯。

7 米煮爛後，熄火並加鹽調味，裝碗並灑上芝麻（1）。

如果先加鹽容易產生怪味，而且粥會出水變稀，因此要吃之前再加即可。

這也很美味！
進階食譜
第 4 集

又辣又鮮美，一吃就愛上

辣味螃蟹魚糕湯

얼큰 꽃게어묵탕

晚才島家人們在魚糕湯中加了螃蟹，煮成又辣又爽口的湯，鮮美湯頭搭配軟嫩魚糕，每個人都吃得津津有味！也可像釜山人流行的吃法，加入以大竹籤串起的長條年糕和蒟蒻。嫌串魚糕太麻煩的話，也可直接切成容易入口的大小。

| 2人份 |

必備材料：蔥（10cm）、青辣椒（1根）、魚糕（方形魚板2塊＋圓形魚糕8個＋圓柱形魚糕2個）**選擇性食材：**紅辣椒（1根）、茼蒿（1把）**高湯材料：**蘿蔔（80g）、蔥白（2根）、乾辣椒（2根）、小魚乾（10隻）、花蟹（1隻）、蛤蜊（1.5杯）**調味醬：**辣椒粉（1.5）＋湯用醬油（1）＋清酒（1）＋蒜末（1）＋薑末（0.2）＋辣椒醬（0.3）＋大醬（0.7）＋胡椒粉（少許）

1 蘿蔔切大塊，與蔥白、乾辣椒、小魚乾、水（6杯）以中火煮10分鐘。

魚糕湯的關鍵在高湯。要熬出濃郁高湯，最好多放一點不同材料。使用蔥白和乾辣椒可消除雜味，讓湯頭更鮮美。

2 熬高湯的同時，洗淨花蟹、拆分成適合吃的大小；蛤蜊泡鹽水洗淨後，瀝乾備用。

3 將調味醬材料充分混合。

4 撈出蘿蔔之外的所有熬高湯食材，加入調味醬、螃蟹、蛤蜊。

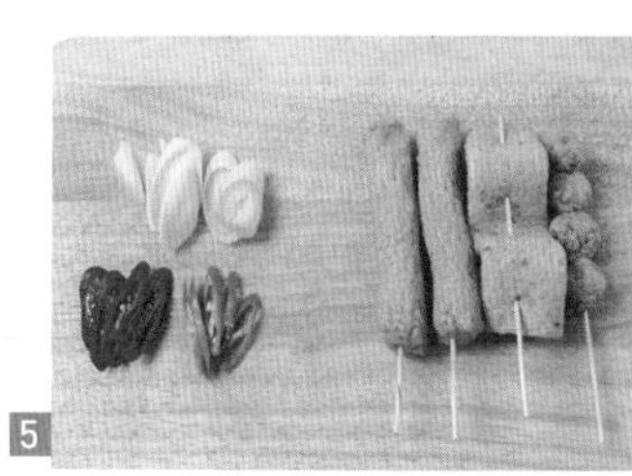

5 煮海鮮時，將蔥和辣椒切片，魚糕以大竹籤串起。

6 湯滾後，撈去湯表面的浮沫，放入魚糕、蔥、辣椒再煮一下。

7 熄火後放入茼蒿即可。

輕鬆辨別 易混淆食材

對料理新手來說，黃豆芽和綠豆芽、鮑魚和小鮑魚，蛤蜊和海瓜子……很多食材不太好區分。現在就來幫大家整理一下相似食材的辨別法。

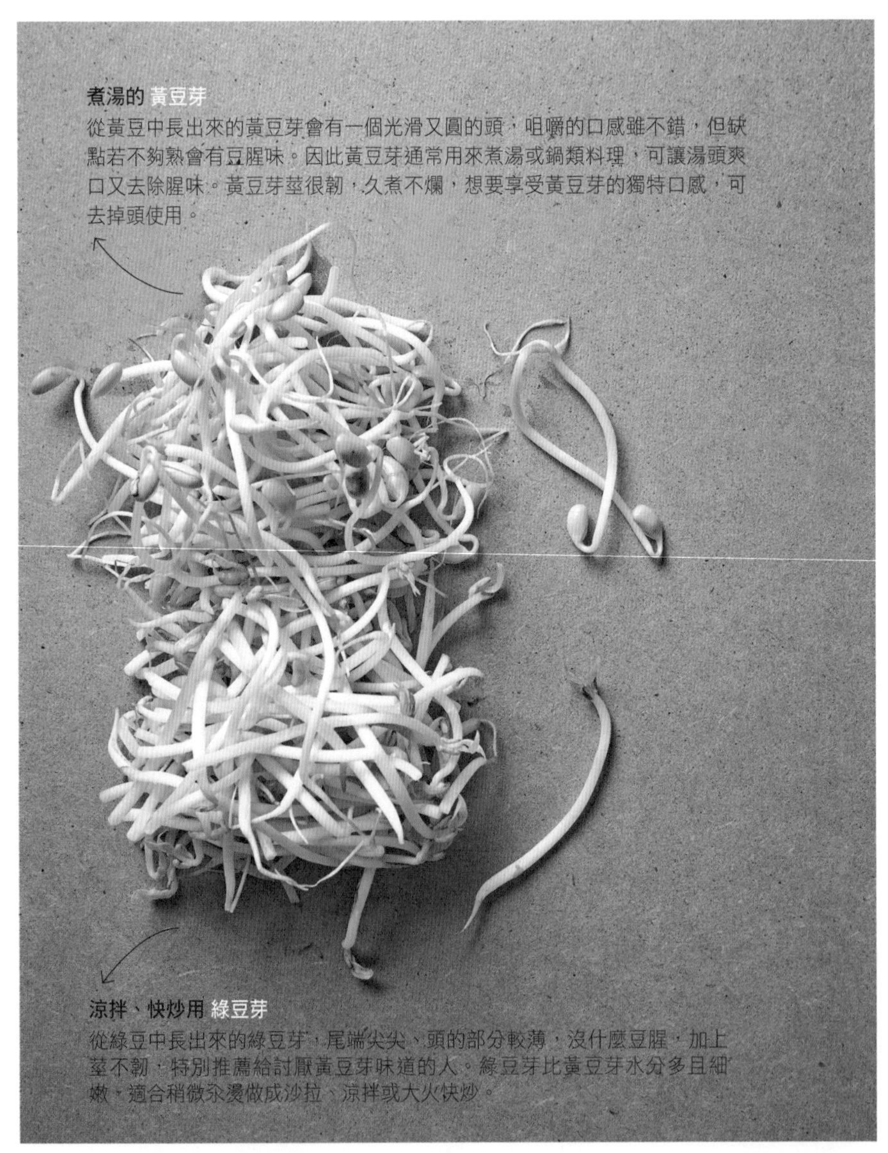

大火快炒的 海瓜子

生長在海中的海瓜子擁有淺褐色外殼。料理前要先泡鹽水（水1杯＋鹽0.3），再包鋁箔紙，放到冰箱中吐沙。海瓜子煮湯風味也不錯，不過若煮太久肉質會變韌，比較適合大火快炒的義大利麵等料理。尤其與番茄一起炒，還能補充不足的維他命，不妨試著把海瓜子加入番茄醬類的料理中。

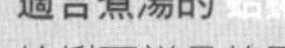

適合煮湯的 蛤蜊

蛤蜊可說是韓國人最常吃的貝類，外表有點像小石頭，殼上有像傘骨一樣的溝紋，有點像小的文蛤。不過蚌殼中容易夾帶其他物質，因此一定要用鹽水吐沙、徹底洗淨。蛤蜊能讓湯頭變鮮甜，適合做成蛤蜊刀切麵、蛤蜊湯或蛤蜊大醬湯等湯類料理。

熬製高湯的 昆布

將乾昆布放入水中煮就能熬出濃郁湯頭，而風乾之前的昆布不僅具有絕佳口感，且香氣不重，適合在烤肉時取代萵苣包肉吃，在一般超市都能輕鬆買到。

湯中要角的 海帶

和熬高湯用的昆布相比，海帶的質地薄、且帶一點亮綠色光澤，被陽光照射會很快變乾。泡水後體積會膨脹10倍，因此一個拳頭大小的乾海帶就是一人吃的分量。不論是冷、熱料理都非常合適，一般常吃的韓式冷湯或海帶湯都是用這種海帶。也可以加入醋醬涼拌。

涼拌最棒的 海藻

比髮菜粗、長得有點像洗碗用的鋼絲球，但顏色比髮菜翠綠，香氣比一般海藻類重。非常適合和蘿蔔一起做成涼拌菜。

熱熱最好吃的 髮菜

髮菜如其名，細膩如髮絲。加入麵粉做成髮菜煎餅，吃起來口感鬆軟，是闔家大小都喜愛的點心。不過最好的料理方法還是加香油、鮮蚵炒過後，煮成髮菜鮮蚵湯，絕對是人間美味，一定要試試看！

Plus tip 難以一眼辨認的食材

• 鮑魚和小鮑魚

雖然很多人都認為小鮑魚長大就變成鮑魚，不過鮑魚和小鮑魚是完全不同的品種。鮑魚外殼粗糙且凹凸不平，多半產於全羅南道莞島；小鮑魚則外殼光滑，盛產於濟州島。

• 公螃蟹和母螃蟹

檢視螃蟹公母的最好方法就是將螃蟹翻過來，腹部又寬又圓是母的，呈尖尖三角形是公的。每年春天4～5月是螃蟹產卵期，那時的母螃蟹黃多又美味，也是最適合醃醬螃蟹的時候；秋天9～10月則是公螃蟹最好吃。大家不要忘記，好吃螃蟹的原則是「春母秋公」喔！

一日三餐小祕方

陽臺種菜，樂當居家農夫

看了《一日三餐》後，一定很羨慕裡面自給自足的生活吧？不需去市場買菜，只要從田裡摘下新鮮蔬菜，就能完成美味的一餐。都市中就算沒有庭院、住在公寓也沒關係。找一個能放小花盆的空間，就能一圓農夫夢！來種種看這些只要一週就能收成的蔬菜吧！

Ready?

・自己種蔬菜，有什麼好處？

自己種的蔬菜，最基本的就是完全不需擔心農藥，能吃得安心。在家想吃烤肉，也隨時能現摘新鮮萵苣或芝麻葉包肉，這是生活在都市的人很難想像的事。而且自己種菜對孩子來說是非常好的自然教育，還能矯正孩子偏食的習慣。住家的陽臺常被我們當成倉庫來存放一些用不到的東西，但只要有一盆植物，就能發揮「一朵小花」的功效，陽臺會愈來愈美，連家裡的氣氛變好了呢！

・該種什麼呢？

如果是能照到陽光的陽臺或窗邊，不管種什麼都會長得很好。生長快速的有萵苣、芝麻葉、韭菜、蔥和茼蒿等葉菜類。萵苣尤其適合第一次栽種者，甚至可用飲料杯來種。小番茄也很容易種，加上產量多，能培養種植蔬果的樂趣。種植時的採光也很重要，不過豆芽或豆苗類只要有水就能長得很好，可用水壺或保麗龍容器種植。

・要準備的東西不多！

花盆可以外帶杯、米袋或水壺取代。杯子大小的容器適合種芝麻葉、萵苣等葉菜類；大保麗龍盒或花盆，可種紅蘿蔔等根莖類、小番茄或青椒。無論哪種蔬菜，只要根莖無法盡情長大，收成一定遞減，因此如果蔬菜變大，就必須移到較大的容器。尤其是香草，沒有移盆的話很容易死掉。

・土壤注意事項

使用花土或山裡挖來的土，要特別注意藏在土裡的蟲可能會跟著一起進到室內。最好購買乾淨的土壤，加入混合肥料使用。種子可在網路或一般種子店購買。剛開始種植時，也可先買已經長到一定程度的蔬菜回來種，先感受收穫的樂趣，更能增加栽種意願。

・澆水的簡單原則

不管使用哪種花盆，土乾了就一定要澆水。該不該澆水應視光照、溫度及風的情形而定，因此應該常常摸一下土來確認濕度。比起放在陽臺內側的盆栽，比較常吹風的頂樓或窗邊的土會更快乾。並且種植蔬菜的葉子愈多，要愈常澆水。

・何時可以收成？

萵苣、芝麻葉等葉菜類要隨時摘來吃，才能防止養分跑到花或莖等其他部位；在室內栽種豆芽，只要在種子上澆水、遮住光線後就會開始驚人地成長，3～5天就能吃到又嫩又清脆的豆芽；小番茄等果實類蔬果，只要顏色對就能收成囉。

Start!

・**用茶杯種** 小麥草

小麥草能排出身體毒素，相當受歡迎，不過購買不易且價格不便宜。小麥草長得非常快，發芽之後還能多次收成，自己動手種，就能在需要時隨時採來吃了。

1 茶杯中放一個濾網，將水加到蓋過濾網的位置。
2 將小麥草的種子灑在濾網上，水要維持在濾網的位置，讓莖能向下生長。
3 一週後即可將小麥草剪來吃。
★種子若太大，莖會長太粗而無法穿透到濾網下，需注意。

・**用水壺種** 黃豆芽

種黃豆芽需要遮住光線，也要常澆水，算是比較麻煩的蔬菜，不過如果用水壺種會方便許多。打開水壺蓋就能倒水，多餘的水還可隨水壺嘴倒出，而且蓋上蓋子就能完全遮住光線。

1 先將豆子泡水6小時。
2 將泡過水的豆子放入水壺底部。
3 一天開蓋澆水4次。豆子充分吸收水分後，就把水倒掉。等到豆芽長至快碰到蓋子時，即可採收。
★將水壺蓋起並放在陰涼處。若一天只澆3次水，容易長很多細鬚。

・**以廚房紙巾種** 豆苗

豆苗類蔬菜是指由豆子開始發芽，歷經一週左右，長到未滿10cm的小嫩苗。種豆苗不需要土，只要乾淨的水就能生長，也不需除雜草，非常適合新手農夫。比起完全成長的蔬菜，豆苗營養價值更高，還有獨特的清爽口感和香氣。種子在大賣場或網路都能買到，收成後的豆苗可搭配拌飯、生菜沙拉或三明治等多種料理。

1 將種子泡水6小時。
2 在盤子或杯子上鋪沾濕的廚房紙巾或海綿，放上泡過的種子。
3 等到種子發芽且開始長出嫩苗時，要每天噴水5～6次，不能讓紙巾乾掉。
4 約5天後即可收成。

・**在水中復活的** 蔥根

蔥雖然是種在土裡的，不過在水裡也能活。只要將蔥的根部插在水中，經常換水，約2週就能收成。注意水只能到莖的位置，雖然蔥重複種植可收穫多次，不過會愈來愈細，因此以收穫1～2次為佳。

1 將蔥根部約15cm位置以上的部位切掉。
2 寶特瓶裁成一半，蔥根部朝下放入。
3 加水淹至蔥的莖部。
4 一週後，就可剪下要吃的量。

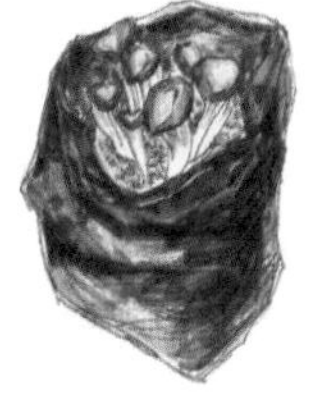

・**我的愛** 香菇種植包

用途多多的杏鮑菇，其實價格不便宜呢！如果自己在家裡種，會比超市買的大又健康，且種植4～5天就能採收，還可重覆收成2～3次，讓栽種更有樂趣，小孩也會覺得好玩。臺灣也能買到香菇種植包（約臺幣50～150）。種香菇的溫度和濕度非常重要，因此要放在陰涼處，每天澆水5～6次。

韓國家庭的宴客料理

燉海鮮

해물찜

這次煮的燉海鮮沒有任何魚，只用了滿滿貝類，卻一樣美味得教人食指大動。
雖然是燉海鮮，不過湯汁滿多的，
但只要調味醬加得夠，吃起來不會太淡，拌飯吃更是一絕喔！

| 2人份 |

必備食材：淡菜、蓮花青螺貝、龜足等（1籃）、黃豆芽（3把）、櫛瓜（⅓根）、洋蔥（半個）、蔥（1根）、辣椒（1個）、芝麻（少許）**高湯材料**：昆布（1張）、小魚乾（10隻）、洋蔥泥（3）**調味醬**：大醬（1）、水（1杯）、辣椒粉（1）、辣椒醬（1）、鮪魚露（1）、醬油（2）、鹽（少許）、糖（少許）、胡椒粉（少許）、香油（1）、蒜末（1.5）**勾芡水**：太白粉（1）＋水（1）

#01

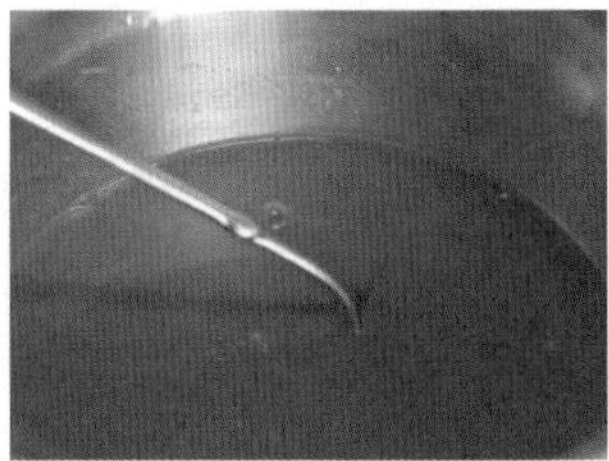

大醬（1）加水（1）均勻攪拌。

#02

放入辣椒粉（1）均勻混合。

#03

大醬水稍微變稠後，加入辣椒醬（1）、鮪魚露（1）、醬油（2）、鹽（少許）、糖（少許）、胡椒粉（少許）、香油（1）和蒜末（1.5）調製成辣醬，靜置半天。

#04

將昆布和小魚乾加水熬成高湯（1杯），可加洋蔥末消除雜味。

#05

放入處理好的淡菜、蓮花青螺貝、龜足，以及黃豆芽、櫛瓜、蔥、洋蔥與辣椒等，一邊翻動一邊煮到菜都變軟為止。

+ Cooking Tip

黃豆芽含水分多，加熱後會變軟出水。如果偏好湯汁較少的燉海鮮，可先汆燙黃豆芽與海鮮，不僅能維持食材口感，也不會有過多湯汁。

#06

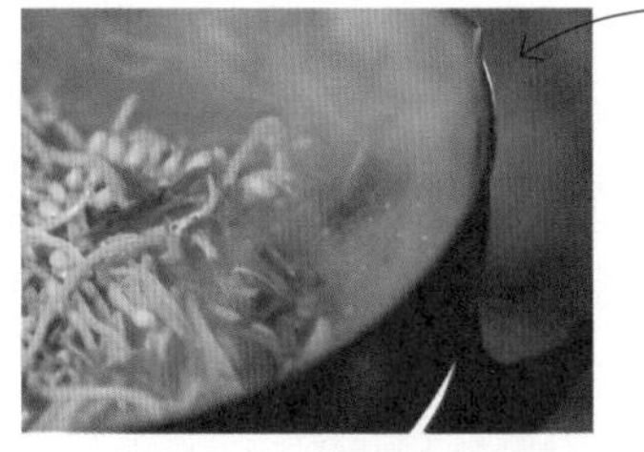

放入調味醬，煮滾後加入勾芡水調整濃稠度，裝盤灑上芝麻即可。

+ Cooking Tip

燉海鮮類在勾芡時，太白粉和水的比例1：1為佳，且需事先調好備用。若粉沉澱在下方，使用時用湯匙攪勻即可。

發揮巧思，用火爐代替烤箱！

爐烤麵包

식빵

誰說沒有烤箱和麵包機就不能做麵包？用火爐也能烤出麵包，一定很難想像吧？
晚才島的大家就做到了！剛烤出來的麵包只是隨手撕來吃也美味到不行。
只要花一點時間和精神，你在家裡也可以親手做出這等美味！

|4人份|

必備食材：高筋麵粉（咖啡杯5杯）、糖（2）、酵母粉（0.5）、鹽（0.7）、雞蛋（1個）、牛奶（100ml）

#01

在大盆中混合高筋麵粉、糖（2）、酵母粉（0.5）、鹽（0.7）。

#02

將蛋白和蛋黃分開，蛋白放入麵粉中攪勻。

+ Cooking Tip

麵粉含有的麩質（gluten）會影響麵糰嚼勁，隨麩質含量多寡分成高筋麵粉（麵包）、中筋麵粉（麵條、麵疙瘩、煎餅粉等）和低筋麵粉（餅乾、馬芬、蛋塔、蛋糕等）。揉麵糰時，鹽和酵母粉最好分別加入，才不會影響發酵。

#03

倒入適量的牛奶揉麵糰，重覆揉20分鐘，直到外皮變光滑。

#04

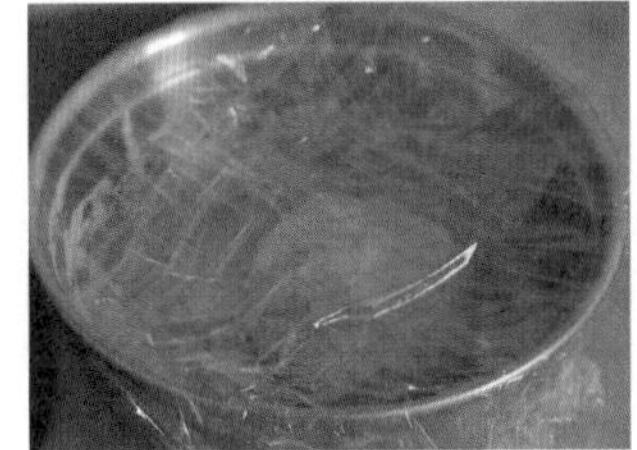

以塑膠袋或保鮮膜封口，在溫暖室內放置1小時發酵。

+ Cooking Tip

添加在麵粉裡的酵母粉要用熱水攪拌才能增進發酵能力，因此可將牛奶加熱後加入，效果更好。想要麵包更香Q，可在牛奶中加點奶油；揉麵糰雖然耗時，但麵糰揉得愈好，麵包烤出來愈漂亮。

#05

第一次發酵後，將麵糰揉到表面沒有起小泡，分成小等份，再進行第2次發酵。

#06

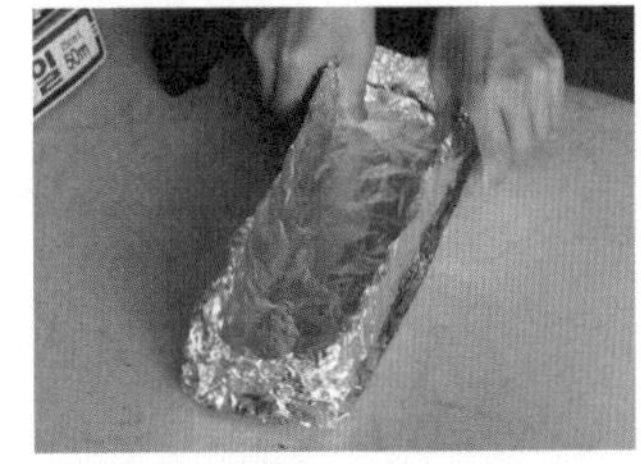

用鋁箔做出烤麵包的模具。

#07

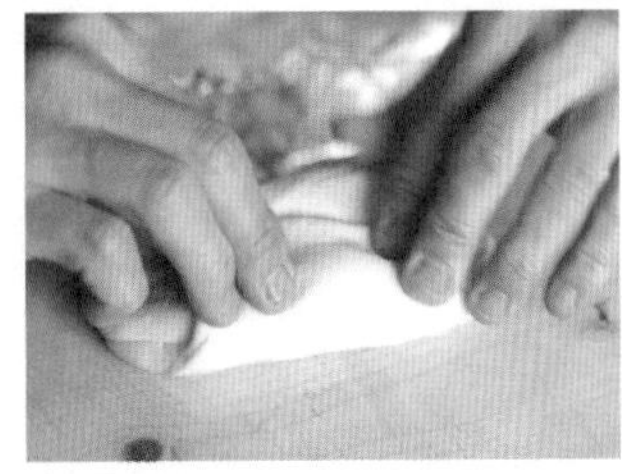

以桿麵棍將2次發酵後的麵糰攤平，從兩邊往中間捲起。

#08

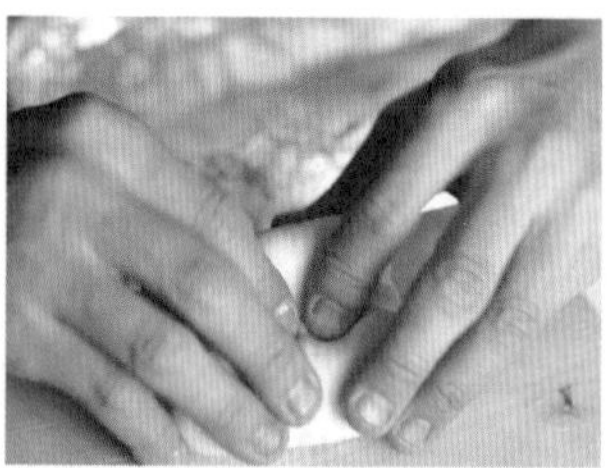

像折直角一樣，再次從兩邊對半捲起。

#09

以相同方法做出4個，然後依序放到麵包模具中擺整齊。

#10

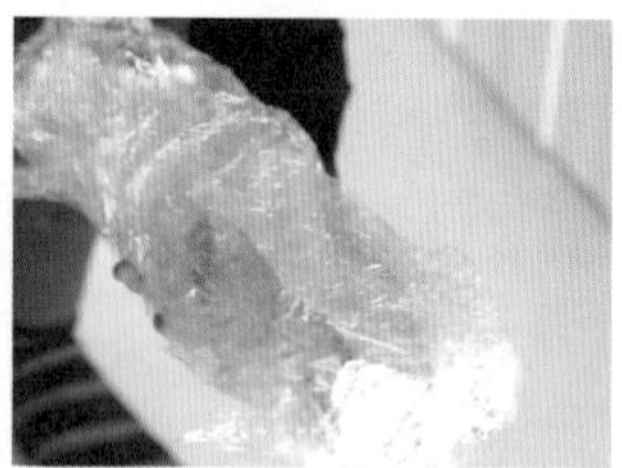

包上保鮮膜靜置30分鐘，進行第3次發酵。

#11

第3次發酵後，抹上薄薄一層橄欖油。

+ Cooking Tip

表面薄塗一層橄欖油可讓麵包烤出漂亮的金黃色，並讓麵包裡的水分不會流失。也可用牛奶取代橄欖油。

#12

放入火爐靠近灶口的位置，烤至金黃色即可。

+ Cooking Tip

用烤箱要設定預熱185℃烤約30～35分鐘。可根據麵糰發酵的時間來設定烤箱的預熱時間。

酸酸甜甜的絕妙滋味

柑橘醬

귤잼（귤마멀레이드）

一般的果醬（jam）是用果肉加糖熬煮至果肉幾乎融化，也有果醬（marmalade）是連皮一起製作，保有果皮的口感，多用在柑橘類水果，最常見的就是柑橘醬了。車珠媽做的果醬就屬於後者，記得要根據橘子本身的甜度，調整糖的使用量喔！

| 約6人份 |

必備食材：橘子（8個＝480g）、檸檬（1個）、糖（2 ⅓杯＝350g）

#01

橘子、檸檬洗淨，剝成適當大小，裝在大鍋中壓碎。

#02

將壓碎的橘子和檸檬放到鍋中，加入糖熬煮，同時繼續將果肉弄得更碎。

+ Cooking Tip

柑橘醬一般都是同時加入果肉和果皮，因此一定要將外皮洗乾淨。可在水中加醋稀釋後浸泡一下水果，再沾鹽或酵母粉搓洗，最後在滾水中過一下水。也可用水果專用洗滌劑。

#03

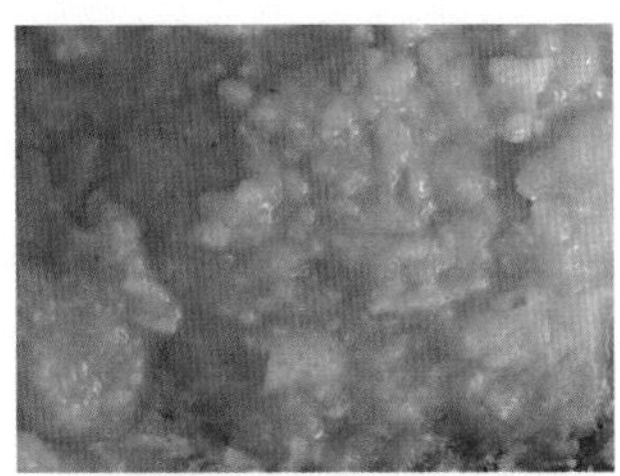

等到開始變濃稠即可熄火，冷卻後裝罐即可。

肥美的黃石斑讓大家笑開懷

烤黃石斑 & 辣魚湯

노래미구이 & 매운탕

生魚片、烤石斑還有辣魚湯，餐桌上滿滿的黃石斑料理讓大家看得心花怒放。
黃石斑和比目魚都是韓國人常吃的魚類，由於腥味不重，對料理新手來說也不會太難。
黃石斑的產季雖然是冬天，但11月到12月是產卵期，因此不會捕捉黃石斑。

|4人份|

烤魚必備食材：黃石斑（2尾）、粗鹽（少許）**辣魚湯必備食材**：黃石斑（2尾）、櫛瓜（半根）、蘿蔔（200g）、洋蔥（1個）、蔥（1根）、青辣椒（1根）、紅辣椒（1根）、蒜頭（3瓣）、黃豆芽（3把）、醬油（1大湯勺）**辣魚湯選擇性食材**：紅蘿蔔（¼個）**辣魚湯調味醬**：糖（0.5）＋辣椒粉（2）＋醬油（2）＋玉筋魚醬（1）＋梅汁（2）＋辣椒醬（1）＋大醬（0.5）＋胡椒粉（0.1）

#01

將辣魚湯調味醬材料均勻混合。

#02

黃石斑去鱗、鰭、尾巴與內臟後洗淨，在魚身畫幾刀備用。

#03

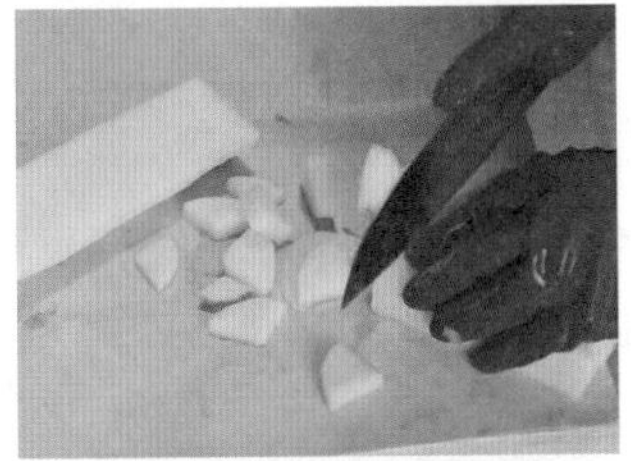

櫛瓜、蘿蔔和紅蘿蔔切塊；洋蔥、蔥和辣椒切末；蒜頭拍碎。

#04

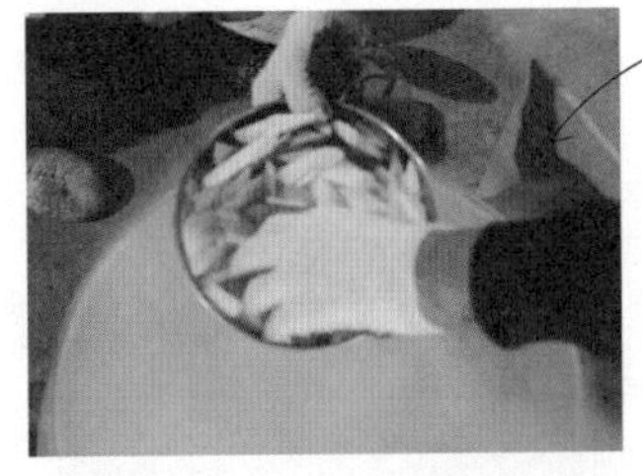

水滾後放入昆布和小魚乾熬高湯，加醬油（1大湯勺）調味。先放較硬的蔬菜，熟了後再放入黃石斑（2尾），投入調味醬繼續煮。

+ Cooking Tip

熬高湯時，昆布和小魚乾要從冷水開始熬，才能熬出濃郁湯頭。尤其是昆布煮愈久會產生雜質，讓湯變混濁，因此想要煮清湯，水滾後要先將昆布撈起。

#05

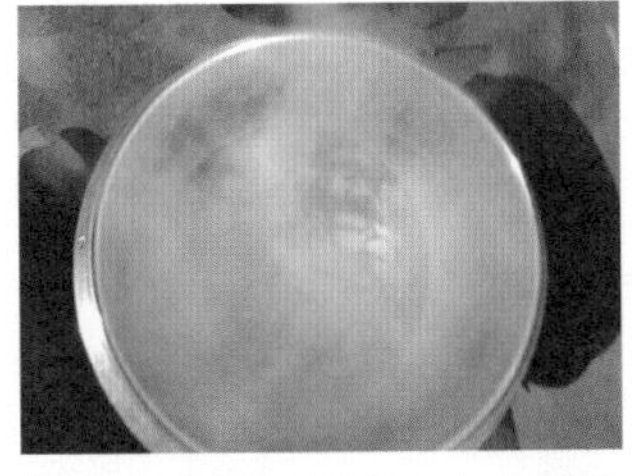

等魚熟到一定程度時，加入較軟的蔬菜，不夠鹹再加一點湯用醬油調味。

#06

將預留下來要烤的黃石斑（2尾）放到鐵網上，灑上粗鹽，前後烤到呈金黃色。

這也很美味！
進階食譜

第 5 集

別具特色的韓國代表辣魚料理

辣燉鮟鱇魚

아귀찜

燉海鮮料理當然要海鮮夠多才夠味！彈牙的鮟鱇魚搭配清脆爽口的黃豆芽，可說是絕配，稱此韓國代表的辣魚料理，絕對當之無愧啊！

|4人份|

必備食材：鮟鱇魚（1隻＝1kg）、海鞘（2杯＝240g）、芹菜（1把）、蔥（10cm）、黃豆芽（5把＝400g）**選擇性食材：**青辣椒（1根）、紅辣椒（1根）**汆燙鮟鱇魚材料：**鹽（1）、清酒（2）**高湯材料：**小魚乾（10隻）、昆布（1片＝10x10cm）、蔥白（2根）**調味醬：**糖（1.5）＋辣椒粉（6）＋濃醬油（4）＋湯用醬油（1）＋玉筋魚醬（1.5）＋清酒（1）＋蒜末（2）＋薑末（0.4）＋梅汁（2.5）＋香油（0.7）＋胡椒粉（0.1）**勾芡水：**太白粉（1.5）＋水（1.5）

1 鮟鱇魚切成適合大小，洗淨，瀝乾。

如果購買未經處理過的鮟鱇魚，要先以刀背將魚皮表面的黏液刮除，沖洗後再去除內臟，切塊備用。

2 海鞘洗淨，以牙籤戳一下，去除水分。

先用牙籤去除海鞘裡的水分，吃的時候才不會被噴出的湯汁燙到嘴巴。

3 芹菜切6cm小段；蔥、辣椒切片。

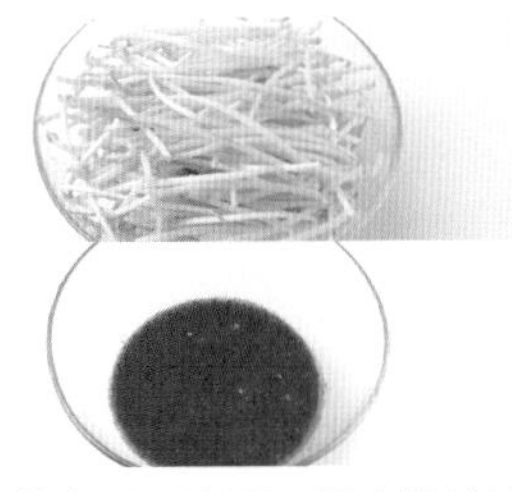

4 黃豆芽去頭、洗淨；調味醬材料充分混合。

5 煮一鍋水加鹽（1），放入鮟鱇魚和清酒（2）汆燙2分鐘後撈出。

6 鍋中加入水（3杯）和熬高湯食材，以中火煮10分鐘後撈出材料。鋪上豆芽煮至略呈透明狀後撈出。

用來燉煮的黃豆芽最好挑選比一般粗的，煮熟後才能維持清脆口感。鮟鱇魚和黃豆芽要先各自汆燙一次，這樣與調味醬一起煮時才不會出水太多而使味道產生變化。

7 燙完黃豆芽後，留下一杯分量的高湯，放入海鞘、鮟鱇魚和調味醬（½分量），以中火一邊翻動一邊煮。

8 鮟鱇魚入味後，加入黃豆芽和剩下的調味醬。

9 放入芹菜、蔥和辣椒，稍微翻動一下，倒入勾芡水調整濃度即可。

初學者也能上手的 家庭烘焙

麵粉發酵是指利用活的酵母在麵糰間的活動，產生氣體來填滿縫隙的過程。從糖餅、吐司到麵包，一般吃到那些口感鬆軟的麵粉製品，都需要經過這道麵糰發酵程序。如果想要確切掌握發酵狀況，就必須先了解發酵的方法和祕訣才行。

Point 1 什麼是酵母？

酵母是指活著的酵母菌，大致分成新鮮酵母和乾酵母，新鮮酵母的缺點是保存期限短，乾酵母即為因應此缺點而生。麵包與餅乾的差異與酵母的有無息息相關，製作麵包時，需在40℃水中加糖、麵粉來活化發酵。還有一種即溶乾酵母，不需加水使酵母活化就能立即使用，保存期限也更長。

Point 2 發酵前確認，揉麵糰有訣竅！

發酵麵包的過程通常是「麵糰→第一次發酵→成形→第二次發酵→烤」。要做出好吃的麵包，最重要是在第一階段揉麵糰時，就要加入酵母並與麵糰均勻混合，才能使麵糰完全發酵。

酵母是活著的生物，一定要注意不能讓酵母死掉。首先，在混合麵粉時，如果將鹽和糖直接加到酵母裡，會造成酵母死掉，因此要先將麵粉和酵母均勻混合，形成保護膜後，再放鹽和糖。接下來加水，水溫要維持40～50℃。幫助麵糰成形除了雙手用力揉，還可將麵糰丟到桌上再用力揉，此步驟能讓麵糰擁有像雞胸肉般結實的層層肌理。揉到捏出一小塊麵糰，麵糰會被拉得細長而不會立刻被捏斷，就OK了。

Point 3 在利於發酵的環境下進行兩次發酵

酵母是指現在要將揉好的麵糰進行兩次發酵。將麵糰放在圓形大碗中，包上保鮮膜，上面戳幾個洞，放在28～30℃室溫內發酵40分鐘～1小時。第一次發酵後，麵糰裡會充滿氣體，麵糰也會變得柔軟。在此狀態下捏出想要的形狀，再靜置40分鐘～1小時進行第二次發酵，麵糰會再次脹大。

如果希望第二次發酵能達到更好的成果，要將環境調整成又濕又溫暖，利於酵母活動。夏天時不要開冷氣，直接在室內進行發酵即可。如果是寒冷的冬天，可放在沒有預熱的烤箱中，旁邊放一碗熱水，另一個碗裝麵糰，就能維持適合發酵的濕度和溫度；也可使用微波爐，先放一碗水加熱2～3分鐘，然後盡快將麵糰放進微波爐中關起門；或將麵糰裝在碗中，放入裝有熱水的鍋中，並以棉布覆蓋。

Point 4 發酵時間應視麵糰狀態來調整

麵包發酵得好不好，通常得憑感覺確認，因此更確實掌握溫度和濕度等環境變因，時時確認發酵狀態，比死守精準的發酵時間更重要。想熟悉麵糰發酵的感覺，唯一的方法就是多做多練習。

發酵得好的麵糰，體積會脹成2倍大，以湯匙壓一個洞不會膨起來，會保留洞的樣子。在將麵糰分塊時，要能摸到麵糰有氣泡的感覺，即使表定的發酵時間已經到了，如果麵糰還不到此狀態，最好再多等一下。可在快到發酵時間前，確認一下發酵狀態。

果醬（jam）和柑橘果醬（marmalade）

果醬和柑橘果醬都是用水果和糖做成。果醬指將果肉和糖熬煮到完全沒有顆粒感為止；而柑橘果醬則是指同時使用果皮和果肉熬煮，能咀嚼到果肉與果皮的口感。因為柑橘果醬通常使用酸酸甜甜的柑橘類水果製作，因為只有柑橘類果皮才能做成果醬，因此通稱為柑橘醬。當然果醬材料除了水果還有很多，如抹茶牛奶、洋蔥或番茄都能做成醬。

Plus tip 人人都喜愛的酸甜草莓醬

春天是草莓盛產季，如果買了一大堆草莓吃不完，不妨試著做這人人都愛的草莓醬吧！口味可調整成略為不甜，甚至稀稀的草莓醬，都相當美味。

必備食材 草莓（1kg）、檸檬（1個）、糖（500g）

1 草莓去除蒂頭，以鹽（1）＋水（1升）稀釋鹽水洗淨，瀝乾。
2 草莓切碎，檸檬對半切並擠汁備用。
3 鍋中放入草莓，加檸檬汁、糖，將材料攪碎混合，開小火煮。
4 糖融化後，在打開蓋子的狀態下以中火一邊攪拌一邊煮，撈起浮沫。
5 持續煮1個小時至呈現濃稠狀。將玻璃瓶以熱水消毒並瀝乾，裝入煮好的草莓醬，蓋上瓶蓋，倒立存放等待冷卻即可。

Plus tip 酸酸甜甜的風味李子醬

雖然李子直接吃就很好吃，但酸酸甜甜的李子醬更是風味獨具。不喜歡太酸的人可去除果皮，只用果肉做就好。

必備食材 草莓（1kg）、檸檬（1個）、糖（500g）
調味料 糖（3⅔杯＝550g）

1 李子放入醋水（水3杯＋醋2）或稀釋蘇打水（水3杯＋蘇打粉2）中相互搓揉洗淨，瀝乾。
2 李子去籽，切成2～4等份。
3 鍋中放入李子和糖，稍微攪拌一下，靜置30分鐘以上。
4 等到果肉開始出水時，開中火一邊攪拌一邊煮到呈濃稠狀。
★熬煮過程中要隨時撈起浮沫。果醬要煮到滴1～2滴冷水下去也不會散開的濃稠程度才行。

意想不到的好滋味

辣黃豆芽湯

얼큰 콩나물국

如果用一樣的材料一直做相同的料理應該很無趣吧？在黃豆芽湯中灑上辣椒粉，即使在寒冷的清晨爬起來去釣魚，只要喝下這一碗湯，不僅能祛寒，還能提振精神呢！

|4人份|

必備食材：黃豆芽（3把）**調味料**：辣椒粉（2）、鹽（0.4）、蒜末（0.7）

#01

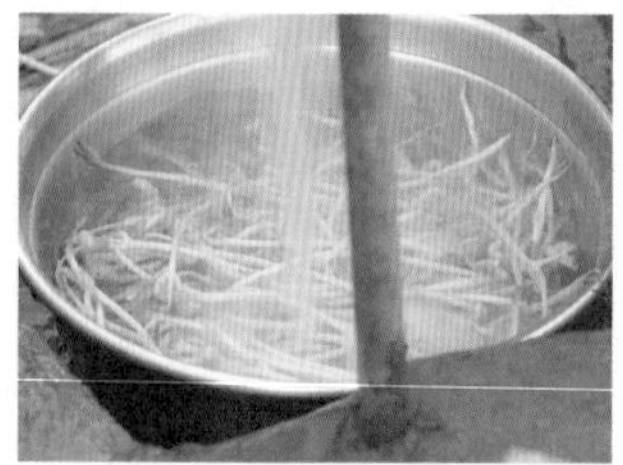

黃豆芽處理洗淨後，加水（4.5杯）熬煮。

#02

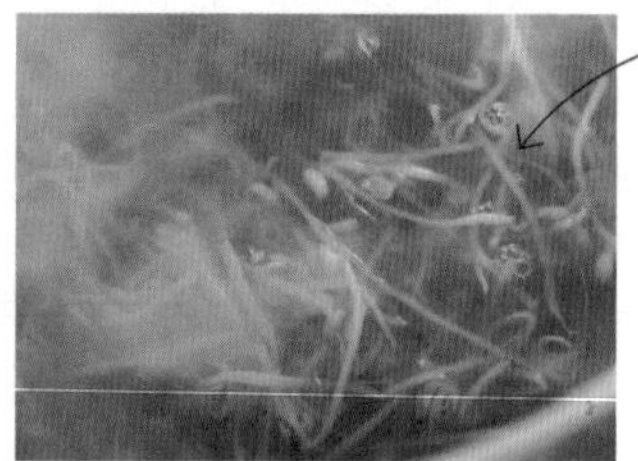

放入辣椒粉（2）、鹽（0.4）、蒜末（0.7）調味，煮滾後即可。

+ *Cooking Tip*

這道湯品的食材雖然簡單，但若以高湯代替水就會變得更加美味，尤其推薦使用昆布小魚乾高湯，湯頭鮮美，與黃豆芽搭配非常爽口。如果沒有昆布小魚乾高湯，也可在煮黃豆芽時放入一片黃魚乾，其獨特香氣能提升湯頭鮮度。

一日三餐的固定招牌菜

蔬菜蒸蛋

달걀찜

無論是旌善或晚才島，養雞場裡的「母雞團體」每天都貢獻出新鮮雞蛋，蒸蛋理所當然就變成《一日三餐》的早餐裡不可或缺的料理了。從一開始的日式蒸蛋加上不同食材，賦予蒸蛋不同的變化。這次的蒸蛋則是加入蔬菜，隔水加熱蒸熟，拌飯吃相當滑嫩，蛋香在口中久久不散呢！

| 約3人份 |

必備食材：雞蛋（2個）、辣椒（1根）、洋蔥（¼個）**調味料**：鹽（0.3）

#01

鍋中加水（1）、鹽（0.3）、雞蛋，打勻。

+ Cooking Tip

打蛋時直接加水，蒸蛋口感會更細密柔嫩，也可用牛奶代替水。雖然節目中沒有播出，不過加點鹽和胡椒粉調味更好吃。

#02

辣椒和洋蔥切末，放入蛋液中均勻混合。

#03

打好的蛋液放入鍋中，隔水加熱蒸熟即可。

+ Cooking Tip

洋蔥和辣椒能消除蛋腥味。

好吃到情不自禁地笑出來！

炒馬鈴薯
감자볶음

炒馬鈴薯可以說是最簡單的一道韓式家常菜，快炒一下即可上桌，當成主菜也毫不遜色。節目中，車珠媽是將馬鈴薯絲切得略粗，去除澱粉質後以大火快炒，香氣四溢。

| 約4人份 |

必備食材：馬鈴薯（2個）、洋蔥（1個）、紅蘿蔔（⅓根）**調味料：**鹽（0.2）、胡椒粉（0.1）、芝麻（0.5）

#01

馬鈴薯削皮、切細絲，泡在冷水中洗去澱粉質。

#02

洋蔥和紅蘿蔔也切細絲。

+ Cooking Tip

將馬鈴薯裝在濾網內，在冷水中輕輕搖晃清洗即可。如果沒有洗去馬鈴薯上的澱粉質，炒時容易沾黏燒焦。炒之前再汆燙過，馬鈴薯更不容易散掉。

#03

熱油鍋，放入馬鈴薯，大火快炒到開始變透明，再放入洋蔥和紅蘿蔔，加鹽（0.2）和胡椒粉（0.1）。

#04

裝盤後灑上芝麻（0.5）即可。

媽媽不在家也能自己煮

馬鈴薯白菜湯

감자 배춧국

媽媽偶爾不在家的日子，不妨動手為家人下廚，最容易上手的就是簡單的白菜湯。
車珠媽不在家，兩個料理新手自己動手做的第一道料理果然錯誤百出，
大家應該也笑得闔不攏嘴吧？來學學把錯誤減到最低的祕訣！

| 約2人份 |

必備食材：馬鈴薯（1個）、洋蔥（半個）、白菜葉（3片）、蔥（10cm）、辣椒（1根）**調味料：**大醬（1）、辣椒醬（0.5）、辣椒粉（1）、鹽（少許）

#01

馬鈴薯、洋蔥切成一口大小；白菜去蒂頭，撕成一片片；蔥、辣椒切片。

#02

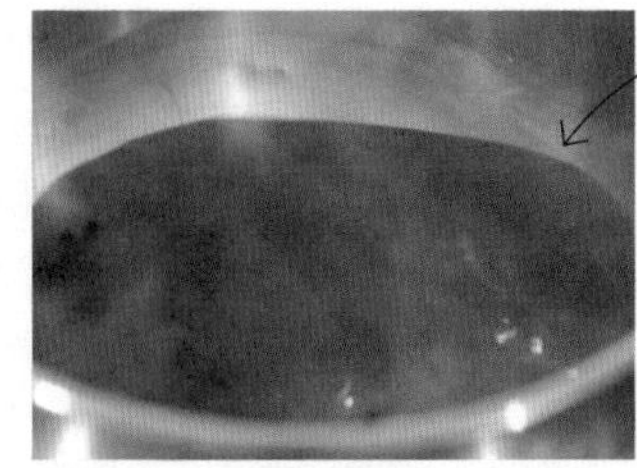

將水（3杯）煮開，加入大醬（1）、辣椒醬（0.5）攪拌煮滾。

+ Cooking Tip

大醬無法當作主要鹹度來源，雖其具獨特風味，但只適合當湯底，鹹度還是必須靠鹽巴。如果像節目中一樣，想靠大醬調整鹹度，就很容易犯這種錯。大醬湯的大醬和辣椒醬比例是2：1，若沒有遵守這個黃金準則，就只能一直加水了。以昆布小魚乾高湯取代白開水，湯頭會更鮮美。

#03

將處理好的蔬菜放入燉煮。

#04

加辣椒粉（1）再煮一下，不夠鹹可加鹽調味。

+ Cooking Tip

蔬菜熟的時間不同，要先把馬鈴薯煮到透明，再放洋蔥、白菜、辣椒與蔥等易熟食材。

一日三餐
食譜
第 6 集

處理鮮魚一點都不難

生魚片蓋飯

회덮밥

做料理就是不斷挑戰，只要動手做就一定會進步。對料理新手來說，魚好像很難處理，不過實際動手就會發現沒那麼難喔！自己切的生魚片擠上一大坨醋醬，拌飯吃最夠味！

| 約4人份 |

必備食材：黃石斑（3隻）、石斑魚（1隻）、萵苣（12片）、蘿蔔（160g）、飯（4碗）**醋醬材料**：辣椒醬（4）、蒜末（1.5）、梅汁（5）、醋（3）

#01

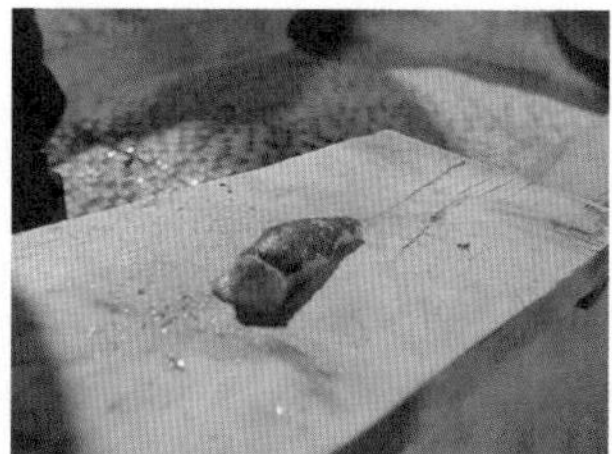

魚去鱗，切去鰭和尾巴、頭，清除內臟。

#02

將刀持平橫切魚肉，割去魚皮後，放在乾淨棉布上吸去多餘水分，靜置約13分鐘後，切成容易入口的大小。

+ Cooking Tip

處理生魚片前一定要先刮除魚鱗，才比較容易下刀，不會滑。可用刀背或剩下的蘿蔔去鱗。

#03

將醋醬材料充分混合。

#04

碗中放入白飯，放入撕成容易入口大小的萵苣、切細絲的蘿蔔，最後擺上生魚片並擠上醋醬。

直接從鍋裡挖來吃才是韓國STYLE

泡菜炒飯

김치볶음밥

由晚才島大廚親自傳授，料理新手也能做出這道色香味俱全的料理呢！
就算刀功差、剛學做料理也不用擔心，把食材加入滿滿白飯快炒就可以了，
還可以加自己喜愛的蔬菜，在家裡跟著一起做如何？

| 3人份 |

必備材料：洋蔥（半個）、泡菜（2杯）、櫛瓜（¼根）、飯（3碗）、雞蛋（2個）**調味料：**蠔油（1.5）、辣椒醬（1.5）、芝麻（少許）

#01

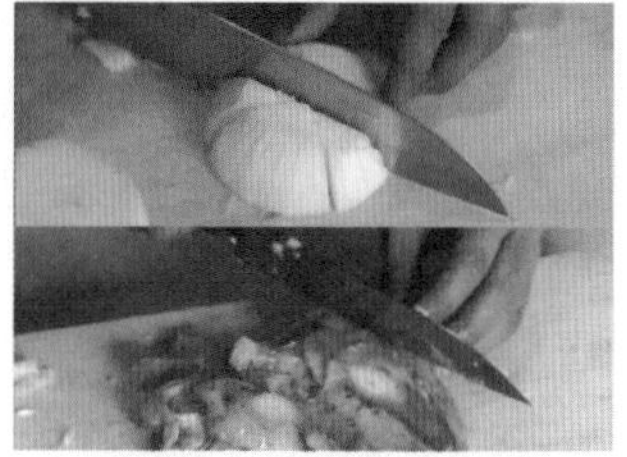

洋蔥、泡菜、櫛瓜切末後放在碗中，加蠔油（1.5）均勻混合。

#02

熱油鍋，放入蔬菜拌炒。

+ Cooking Tip

使用放比較久的酸泡菜才是王道，若泡菜太酸，可加一點糖。

#03

接著放入冷飯，加辣椒醬（1.5）一起炒。

+ Cooking Tip

如果只有泡菜味難免有些單調，可加點辣椒醬或泡菜湯汁。

#04

打顆蛋並均勻混合拌炒，最後灑上芝麻。

+ Cooking Tip

加雞蛋會變成口感濕潤的炒飯，如果喜歡比較乾的炒飯，又想吃到雞蛋香酥的口感，可用另一個鍋子煎蛋皮，再與炒飯混合即可。或煎一個半熟蛋，放到炒飯上拌著吃。

這也很美味！
進階食譜
第 6 集

馬鈴薯這樣炒也超好吃！

辣炒馬鈴薯

매콤 감자볶음

用辣椒醬炒得又辣又甜的馬鈴薯，與只加鹽調味的炒馬鈴薯，
各有不同魅力，吃了包準上癮！

| 2人份 |

必備材料：馬鈴薯（2個）、洋蔥（⅓個）、青辣椒（1根）**調味醬：**辣椒粉（1.5）＋醬油（2）＋蒜末（0.5）＋辣椒醬（0.5）＋果糖（3）＋香油（1）＋胡椒粉（少許）＋芝麻（1）

1 馬鈴薯削皮，切成一口大小。

2 洋蔥也切成類似大小，辣椒切薄片。

3 調味醬材料充分混合。

用辣椒醬炒蔬菜可增加色澤，光看就忍不住流口水。不過辣椒粉和辣椒醬只是調色和呈現辣味，鹹度需靠湯用醬油提味。若以果糖代替糖，蔬菜會更漂亮。

4 開中火，在平底鍋放油（1.5），放馬鈴薯下去炒。

5 馬鈴薯開始變透明後，轉大火放入洋蔥拌炒。

6 蔬菜差不多熟了後，放入調味醬速翻炒後熄火。

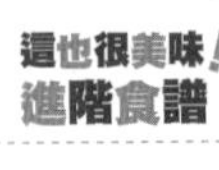
這也很美味！
進階食譜
第 6 集

視覺與味覺同時滿足

鮭魚蓋飯

연어회덮밥

鮭魚是一年四季都能買到的食材，是想吃生魚片蓋飯時的不二首選。
而且做法簡單賣相又好，味道也是一流！鮭魚又被稱為超級食物，可見其營養價值之高，
除了生鮭魚，還有煙燻鮭魚、罐頭鮭魚，可輕鬆在家裡做出各式各樣的鮭魚料理。

|2人份|

必備材料：洋蔥（半個）、萵苣（6片）、芝麻葉（8片）、生鮭魚（2杯）、飯（2碗）**選擇性食材：**高麗菜（3片）、黃瓜（半根）、飛魚卵（3）**鮭魚醃料：**蒜末（0.4）、香油（1.5）、芝麻（1）**拌飯醬：**醬油（1）＋醋（2）＋蒜末（0.5）＋辣椒醬（2）＋果糖（2）＋香油（1）＋芝麻（1）

1 拌飯醬材料均勻混合。

2 高麗菜、黃瓜、洋蔥、萵苣、芝麻葉切絲。

3 鮭魚切成容易入口的塊狀。

鮭魚雖然腥味不算重，但仍需先處理一下，去除殘留味道。如果是買已經處理好的鮭魚，可先在碗中鋪一片昆布，放上鮭魚，淋上味醂、灑點鹽，放到冰箱中一會兒即可。如果沒有時間，以洗米水浸泡10分鐘即可使用。若要烤來吃，在烤的時候灑點清酒或檸檬汁也不錯。

4 鮭魚中加入蒜末（0.4）、香油（1.5）與芝麻（1）均勻攪拌。

5 碗中裝飯，蔬菜擺盤，放上鮭魚和飛魚卵後，淋上拌飯醬。

一日三餐
食譜

第 7 集

人人都喜愛的好滋味！

辣炒豬肉

제육볶음

晚才島的所有人都心心念念的蛋白質大餐！就算統統吃光了，大家還捨不得放下湯匙，可見這道料理有多麼吸引人。若配上一碗只用辣椒粉和醬油提味、不加辣椒醬的湯就更完美了。這道超級下飯的料理，使用的調味醬有黃金比例，趕快來瞧瞧！

| 4人份 |

必備材料：豬肉（600g）、洋蔥（1個）、蔥（30cm）、青辣椒（2根）、芝麻（0.5）**豬肉醃料：**醬油（3）、蒜末（2）、胡椒粉（少許）**調味醬：**辣椒粉（7）＋醬油（3）＋清酒（1）＋洋蔥泥（2）＋蒜末（2）＋果糖（6）＋胡椒粉（少許）＋香油（少許）

#01

豬肉切成一口大小，加湯用醬油（3）、蒜末（2）、胡椒粉拌勻醃入味。

#02

調味醬材料混合均勻；洋蔥切絲；辣椒、蔥斜切片。

+ Cooking Tip

《一日三餐》中做的辣炒豬肉只使用辣椒粉，因此看起來沒有水分、很辣的樣子。本食譜還添加了和辣椒粉等量的果糖，可消除豬肉腥味，讓色澤更漂亮。加入洋蔥泥則能讓這道菜又香又甜又辣，具有多層次風味。

#03

開中火，鍋中放油（1），放入豬肉拌炒。豬肉半熟後加入調味醬，炒到豬肉八成熟時，放入蔬菜。

#04

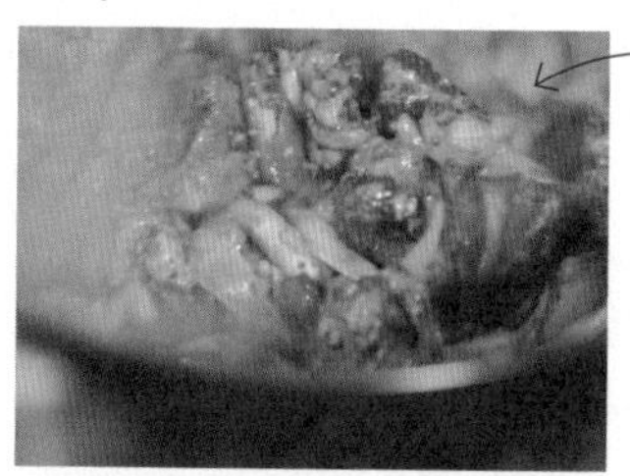

均勻拌炒所有材料，等肉熟後，裝盤灑上芝麻（0.5）即可。

+ Cooking Tip

一般的辣炒豬肉因為加入調味醬，會有不少湯汁，適合拌飯吃，這次車珠媽做的辣炒豬肉沒有湯汁，較適合包生菜。不妨準備一些不同口味的蔬菜來包喔！

濃郁湯頭，暖嘴又暖心

明太魚湯

황태국

明太魚湯可說是「解酒湯」的代名詞，既不刺激又爽口，不只能解酒，因為很清淡，也適合搭配重口味的小菜。就像晚才島的大家搭配辣炒豬肉吃，也是不錯的選擇！

|4人份|

必備材料：明太魚乾（3把）、蘿蔔（⅙條）、蔥（20cm）、小魚乾昆布高湯（6杯）、雞蛋（2個）**調味料**：香油（3）、蒜末（1.5）、鹽（0.5）

#01

將明太魚乾稍微弄濕，在平底鍋中加香油（3）以中火拌炒。蘿蔔切片一起放下去炒。

#02

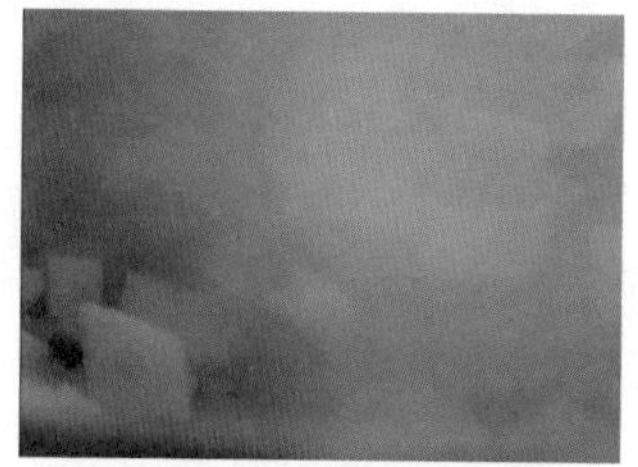

蘿蔔邊邊開始變透明時，倒入高湯煮滾。

+ Cooking Tip

雖然也可直接用明太魚乾熬湯，不過先用香油炒過再加水煮，香氣會更濃。

#03

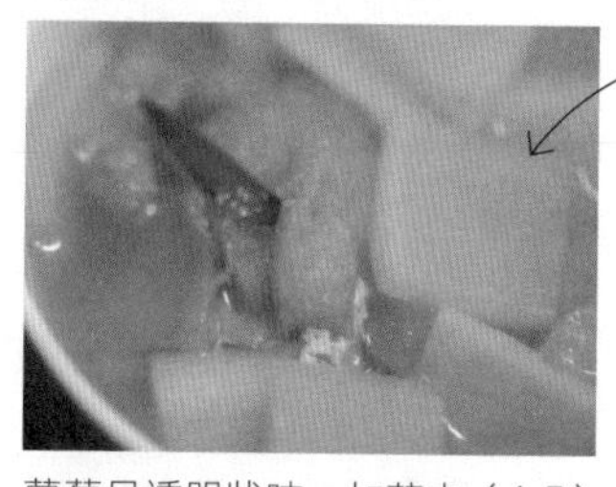

蘿蔔呈透明狀時，加蒜末（1.5）一直煮到出現濃郁的明太魚味道，等到湯變白，打一顆蛋，加蔥和鹽（0.5）調味，再煮一下即可。

+ Cooking Tip

蘿蔔在煮之前先炒過，比較不易碎爛。最後打蛋後不要去攪動湯，湯才不會變混濁。

加牛奶會變更香甜

厚雞蛋捲

도톰한 달걀말이

做雞蛋捲時，不加水而改加牛奶，蛋捲變得更香更鮮嫩了。
節目中，秋成勳用格鬥選手的超強力氣打勻雞蛋，細心完成這道美味蛋捲。
要捲出漂亮的蛋捲是需要功力的，不妨試試秋選手那樣一邊煎、一邊慢慢倒入蛋液的方法。

| 4人份 |

必備材料：雞蛋（3個）、牛奶（⅔杯）**選擇性材料**：糖（少許）

#01

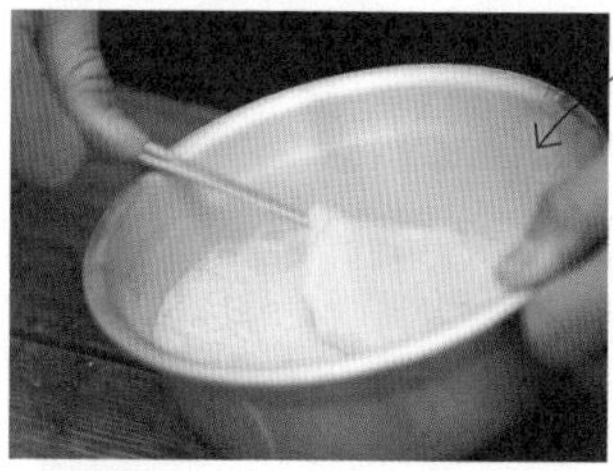

+ Cooking Tip
雞蛋打得夠勻，蛋捲口感會更細膩。別忘了下鍋煎之前先用鹽和胡椒粉調味。

將雞蛋打勻至呈淺象牙色為止。

#02

加入牛奶均勻混合。

#03

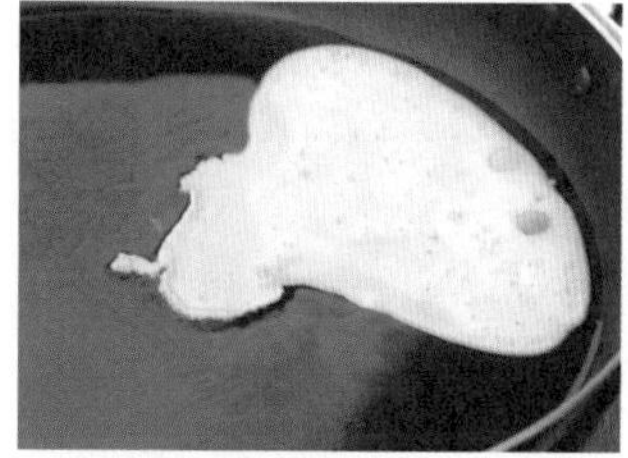

開中火，鍋中放油（1.5），倒入⅓分量的蛋液，熟到一定程度後，翻面折起。

+ Cooking Tip
用水取代牛奶，蛋捲更好吃。

#04

再倒入⅓蛋液，將剛剛煎熟的蛋放到與蛋液相接的位置上，等新倒入的蛋也熟了後再捲起。

#05

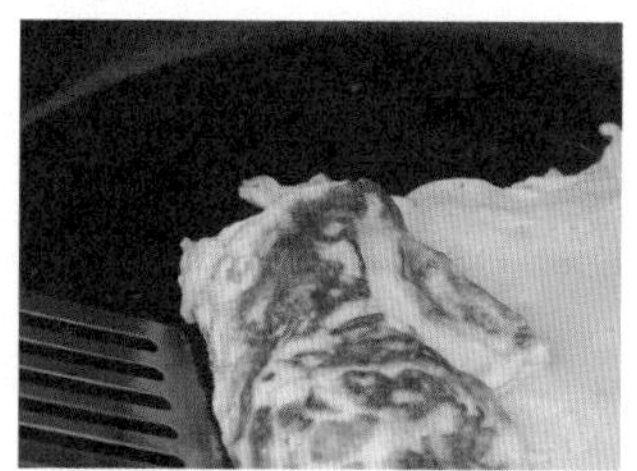

倒入剩下的蛋液，以相同方法煎熟捲起，底部呈金黃色時即可熄火裝盤，可根據個人喜好灑上糖。

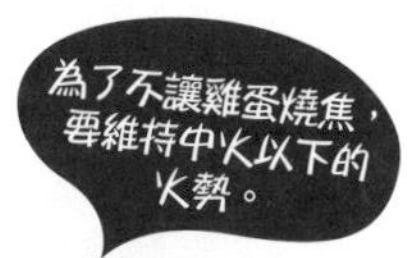

切碎碎，快快煮

蠔油蔬菜炒飯

굴소스 채소볶음밥

做蔬菜炒飯時，難免會遇到部分蔬菜沒有熟的尷尬情形，這是因為一開始切太大塊，或是放米飯進去前沒有充分炒熟。只要將所有食材切碎，在充分炒熟到呈現透明狀時，再加飯下去炒，就能快速做好炒飯。

|4人份|

必備材料：洋蔥（1個）、紅蘿蔔（⅓個）、櫛瓜（⅓個）、馬鈴薯（1個）、飯（4碗）**調味料：**蠔油（2）、鹽（少許）、胡椒粉（0.2）

#01

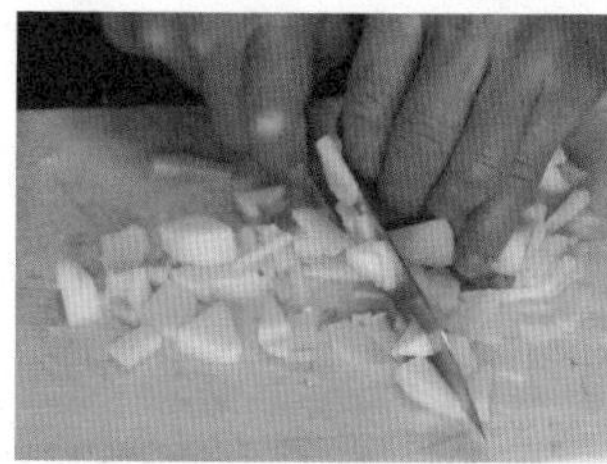

洋蔥、蘿蔔、櫛瓜、馬鈴薯切丁。

#02

大火熱鍋，倒入橄欖油（2），依序放入馬鈴薯、洋蔥、蘿蔔、櫛瓜快炒。

+ Cooking Tip
將食材切細可縮短料理時間，也不會發生部分蔬菜不熟或過熟的情形。

+ Cooking Tip
蔬菜要用大火快炒，口感才會清脆。尤其是含水分多的洋蔥和櫛瓜，用小火很容易變爛並出水。

#03

蔬菜開始熟且變透明後，加入微溫的飯一起炒。

#04

加蠔油（2）、鹽、胡椒粉（0.2）調味，稍微拌炒一下即可。

+ Cooking Tip
炒飯的飯用微溫飯或冷飯均可，不要用剛煮好的熱飯，否則容易黏在一起，無法炒出粒粒分明的口感。剛煮好的飯需盛出來放涼，蒸發水蒸氣後再使用。

這也很美味！
進階食譜
第 7 集

辣炒魷魚和辣炒豬肉一次滿足

辣炒魷魚豬肉

오징어고추장불고기

以辣椒醬來拌炒的經典料理中，最重要的就是辣炒魷魚和辣炒豬肉了，
將兩者炒在一起，就能一次享有兩種美味！

|2人份|

必備材料：洋蔥（半個）、蔥（10cm）、青辣椒（1根）、豬肉（200g）、魷魚（1隻）**選擇性食材：**紅蘿蔔（1/10根）**調味醬：**糖（1）＋辣椒粉（2）＋醬油（2.5）＋清酒（2）＋蒜末（0.7）＋薑末（0.4）＋梅汁（3）＋辣椒醬（1）＋香油（0.5）＋胡椒粉（0.1）調味料：蒜末（1）、芝麻（0.3）

1 調味醬混合均勻。

2 洋蔥切絲；蔥、辣椒切片；紅蘿蔔切薄片後再對切。

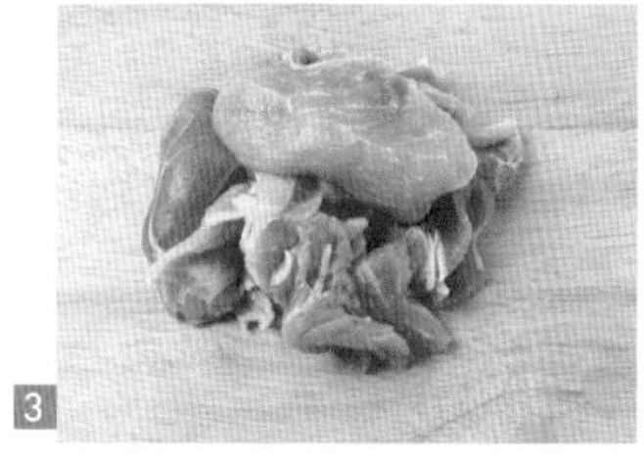

3 要炒的豬肉切成容易入口的大小。

豬肉可選擇五花肉或較不肥的胛心肉、前腿肉與後腿肉。

4 魷魚洗淨，切成容易入口的大小。

去除魷魚的內臟、頭上的眼睛和嘴巴後，快速在水中洗淨。魷魚的皮能讓湯汁更鮮美，因此不需剝除。

5 大火熱鍋，加油（1），放入豬肉拌炒，不要讓肉黏成一團。

6 等豬肉變白，再加魷魚、蒜末（1）與洋蔥。

等豬肉熟到一定程度再加入魷魚，才能維持Q彈。

7 待魷魚半熟時，加入調味醬和剩下的蔬菜一起快炒後裝盤，灑上芝麻（0.3）即可。

一日三餐
食譜

第 8 集

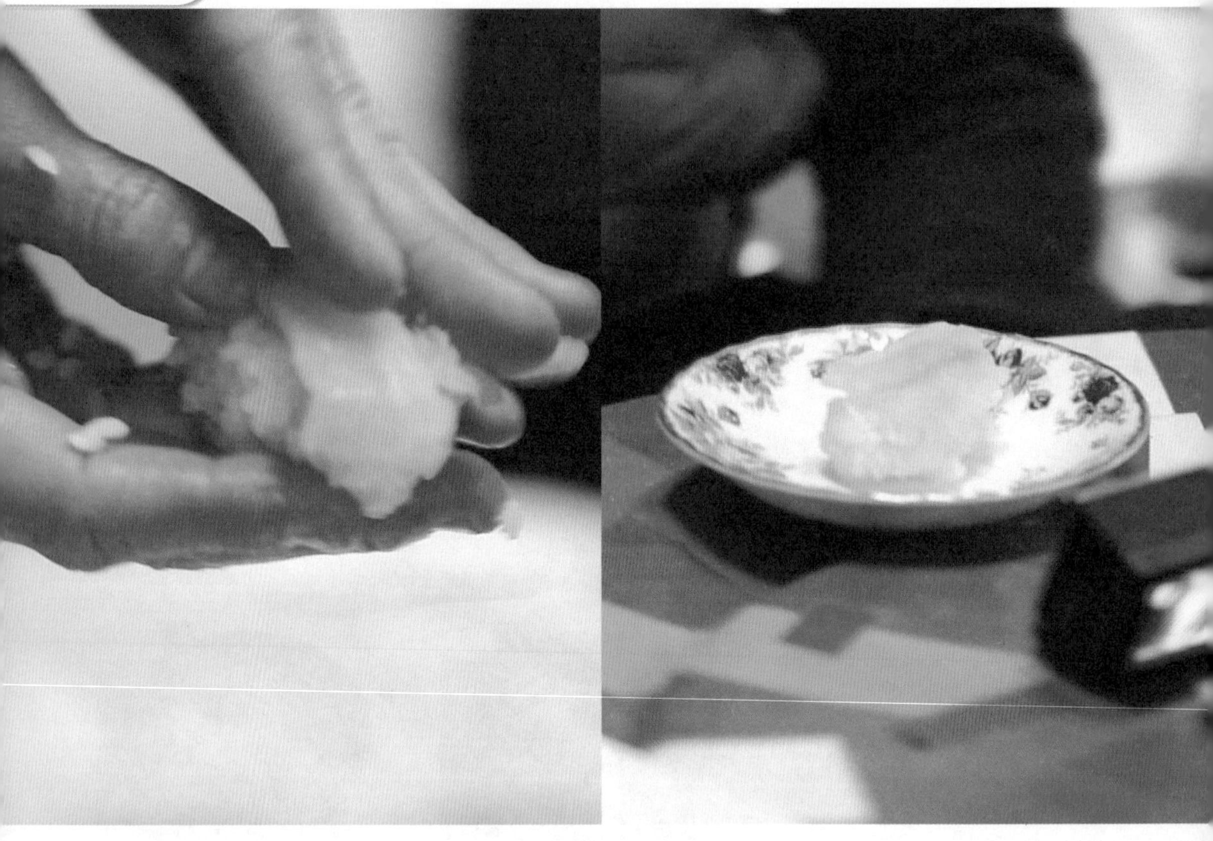

壽司的精隨在「生魚片」

握壽司

회전초밥

晚才島熱鬧的夜晚，「自製迴轉壽司」開張！
軟硬適中的飯拌入酸甜醬汁做成醋飯不難，切生魚片才是考驗刀工！
生魚片該怎麼切？可是有技巧的，快來學吧！

| 6人份 |

必備材料：米（4.5杯）、昆布（1片）、燒酒（⅕杯）、黃石斑（7隻）、芥末（適量）

醋飯調味料：醋（5）、糖（3）、檸檬汁（5＝檸檬2個分量）

#01

鍋中放入洗好的米與水（稍微淹蓋過米再多一點點），放入昆布和清酒煮成飯。

#02

混合醋（5）、糖（3）和檸檬汁（5）調製成醋飯調味料。

+ Cooking Tip

《一日三餐》中的調味醋，醋和檸檬汁的比例偏高，屬於不甜且偏酸的口味。大家可以視個人口味加糖和鹽調味。一般醋：糖：鹽的比例以2：1：0.5為佳，可創造出酸中微甜的口味。糖和鹽要充分攪拌到溶化再跟飯混合。在飯還是熱的時候加入更易入味，拌好調味醋再以扇子搧涼來消除水蒸氣，也是個做法。

#03

將剛煮好的飯盛到大碗中，放冷，待水蒸氣蒸發。

#04

去除魚的鱗、鰭、頭、尾巴、內臟。

+ Cooking Tip

魚類的頭部和內臟相連，切除頭部時最好連內臟一起去除。進入下個步驟前一定要將血水清乾淨，並擦掉魚肉上的水分，否則殘留的水分會造成魚腥味。

#05

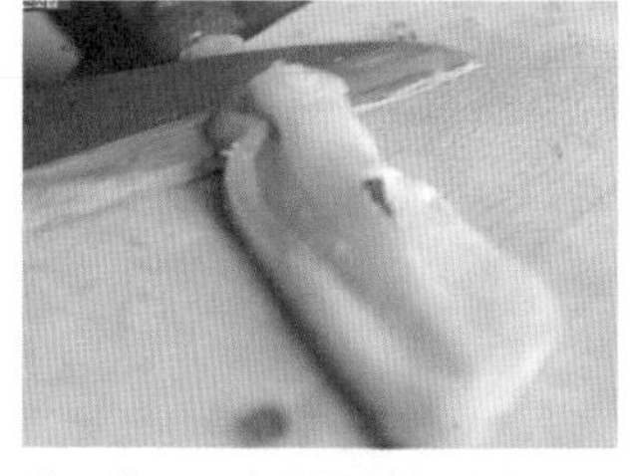

將刀持平，盡量貼著魚骨橫切分離魚肉和刺後，去除魚皮。

#06

魚肉切成適當大小，放在乾淨棉布上。

#07

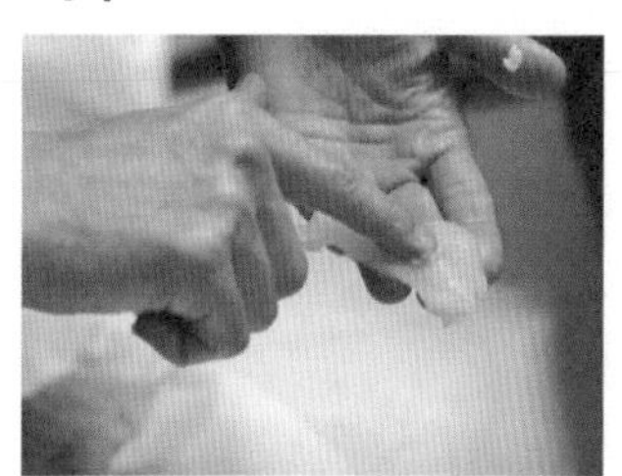

將飯和調味醋混合，捏成一口大小，抹上芥末後，放上生魚片。

沒想到連這個也成功了！

海鮮披薩

해산물피자

為了做海鮮披薩，晚才島一家人竟然動手修理起火爐，
親自揉麵、放上捕來的海鮮，最後居然真的做出不輸給義大利餐廳的美味窯烤披薩！
沒有烤爐的人，用家裡的烤箱也可以唷！

| 披薩2～3人份 |

必備材料：地瓜（2個）、馬鈴薯（3個）、芝麻菜（適量）、洋蔥（半個）、香菇（1把）、汆燙過的貝類肉（約5杯）、橄欖油（少許）、番茄醬（2杯）、披薩用起司（1包＝250g）

披薩餅皮材料：高筋麵粉（5杯）、鹽（1）、糖（1）、酵母粉（1）

#01

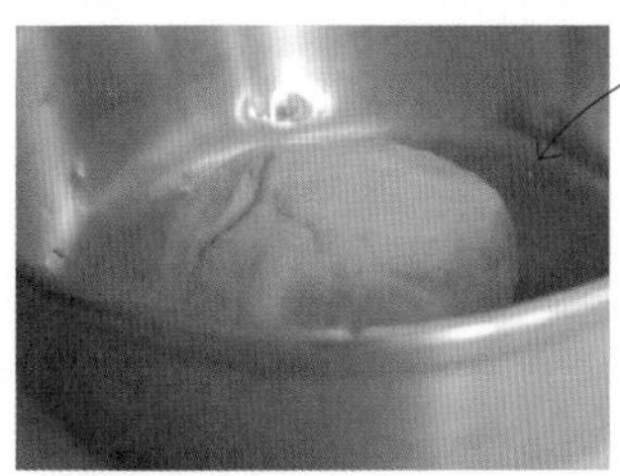

在高筋麵粉中加入鹽（1）、糖（1）、酵母粉（1）、熱水（1.5杯）揉成麵糰，包上保鮮膜，靜置於溫暖室內40分鐘。

+ Cooking Tip

鹽會妨礙酵母粉發酵，導致麵糰發不起來，因此鹽和酵母粉最好分開添加。揉麵糰時要一邊揉一邊加水，直到麵糰表面光滑為止。《一日三餐》中的麵糰分量約3～4個披薩，比準備的餡料多很多，這點需注意。在家做時可利用烤箱的發酵功能，或在大鍋中加熱水，放在麵糰下也可以。

#02

將汆燙過的蓮花青螺貝、淡菜與龜足等去殼，保留肉。

#03

馬鈴薯和地瓜蒸熟，切成一口大小。

+ Cooking Tip

大家可能對於到底該準備多少配料感到疑惑。以1片披薩為基準，海鮮配料約是去殼後½～1杯肉。

#04

芝麻菜洗淨瀝乾，洋蔥切絲，香菇切成容易入口的大小。

#05

以鋁箔做成烤披薩的圓形模具。

#06

火爐外放入還有點餘溫的木炭預熱。

#07

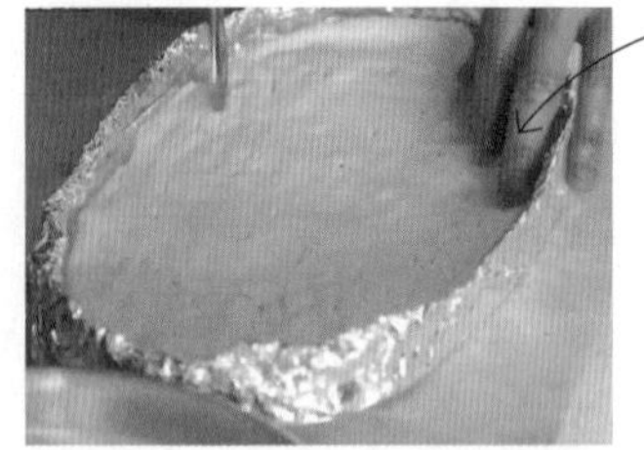

在模具上塗一層橄欖油防止沾黏，將發酵後的麵糰放在上面，推到跟模具密合，再塗一層橄欖油，戳一些小洞。

+ Cooking Tip

因為加入了酵母粉，烤的時候麵皮會膨起，因此需用叉子戳洞。

#08

擠上番茄醬，放上洋蔥、香菇、馬鈴薯、地瓜、芝麻菜、海鮮與披薩用起司。

+ Cooking Tip

芝麻菜葉子軟且不耐熱，建議在披薩烤好後再放上去，才能吃到獨有的香氣與新鮮口感。

#09

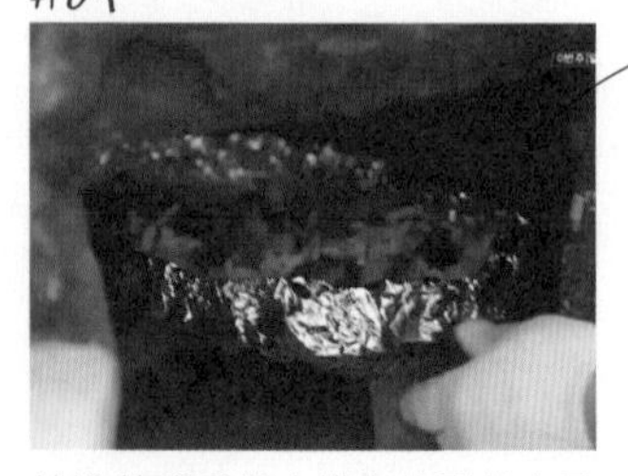

放進熱呼呼的火爐中烤到外皮呈金黃色即可。

+ Cooking Tip

在家做時，將烤箱預熱190℃烤15～20分鐘即可。烘烤時間隨麵皮厚度和餡料多寡而不同，只要麵皮和起司變黃變熟即可。

這也很美味！
進階食譜
第 8 集

餅皮中夾入起司，美味更上一層樓

超簡單海鮮披薩

간단 해산물피자

晚才島團隊利用墨西哥薄餅皮，做出了超好吃的海鮮披薩。
以下的進階食譜更在墨西哥薄餅皮中放入起司，讓餅皮不會太薄，而且口感佳又好吃。
莫札瑞那起司更襯托出海鮮的美味。

|2人份|

必備材料：洋蔥（¼個）、魷魚（½隻）、蝦仁（½杯）、墨西哥薄餅皮（2張）、番茄醬（⅓杯）、莫札瑞那起司（1杯）**選擇性食材：**磨菇（2朵）、黑橄欖（5個）、玉米粒（⅕杯）**調味料：**橄欖油（1）、蒜末（0.5）、清酒（1）、胡椒粉（少許）

1 磨菇切片；洋蔥切末；黑橄欖切片成圈狀。

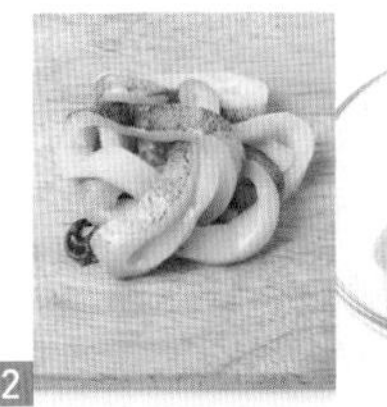

2 魷魚切成容易入口的大小；蝦仁洗淨，瀝乾。

3 中火熱鍋，放橄欖油（1）、蒜末（0.5）、洋蔥、魷魚和蝦仁拌炒後，加清酒（1）與胡椒粉快炒。魷魚快熟時，加入磨菇炒10秒。

4 烤盤中放上墨西哥餅皮（1張），鋪上起司（0.5杯）再蓋上墨西哥餅皮（1張）。

5 餅皮上擠上番茄醬，鋪上炒好的海鮮、磨菇、黑橄欖、玉米粒，灑上剩下的起司（0.5杯）。

6 烤箱預熱190℃，放入披薩烤10～13分鐘，直到呈現金黃即可。

清脆爽口好滋味

蘿蔔泡菜

깍두기

蘿蔔泡菜可說是晚才島每餐必上桌的小菜，
清脆爽口的蘿蔔塊帶點酸甜，好吃到忍不住想把一整缸都吃光光呢！

| 蘿蔔3根分量 |

必備材料：蘿蔔（3根）**調味料：**蒜末（7）、粗鹽（2）、辣椒粉（1.5杯）、玉筋魚醬（3）、蝦醬（0.5杯）、糖（6）**選擇性調味料：**生薑末（1）。

#01

蘿蔔洗淨，切成容易入口的大小；蘿蔔梗、蔥切成適當長度。

#02

大盆中放入蒜末（7）、粗鹽（2）、辣椒粉（1.5杯）、玉筋魚醬（3）、蝦醬（0.5杯）、糖（6），與蘿蔔拌勻。

+ Cooking Tip

蘿蔔先加粗鹽（1）脫水30分鐘再拌入醃料，不僅較容易入味，吃起來也比較脆。車珠媽做的蘿蔔泡菜是連蘿蔔梗都一起加入，蘿蔔梗或韭菜這類葉菜如果拌太用力，會有草腥味，拌的時候要小心，不要弄傷葉子。

#03

將醃好的蘿蔔放到甕或泡菜桶中，先放在室溫下，再移到陰涼處或冰箱存放。

醃蘿蔔前先脫水，口感和味道都會更好。

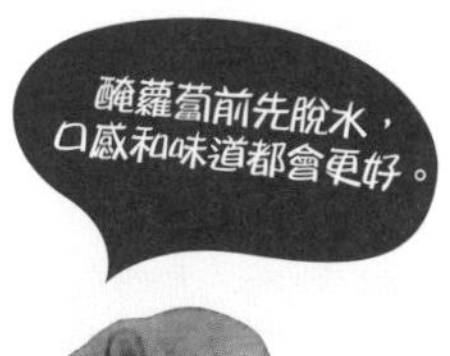

做一次可以吃一整年

過冬泡菜

김장김치

過冬泡菜的魅力就是剛開始做時，會忍不住嘀咕到底為何要自找麻煩，完成後卻覺得超有成就感。晚才島與江陵、泰安與海南等沿岸地區的過冬泡菜都是用海水醃製，不僅能醃得均勻熟透，還能防止營養素被破壞，1年內都能吃到清脆泡菜。不過若要把泡菜做成其他料理，必須先洗去鹹味、瀝乾後才能使用。

| 3顆分量 |

必備材料：白菜（3顆）、蘿蔔（1根）、洋蔥（1個）、蔥（1根）**調味料：**蒜末（10）、辣椒粉（4.5杯）、薑末（2）、小魚乾醬（0.5杯）、蝦醬（0.5杯）、糖（5）、糯米糊［3杯=水（3杯）+糯米粉（3）］

★可縮減糖和糯米糊的量，用梅汁或蘋果、水梨泥代替，這樣不僅便於調整濃稠度，還能提升自然甜味。

#01

白菜在流動的水中洗淨，到海邊撈乾淨海水浸泡泡菜，瀝乾備用。

#02

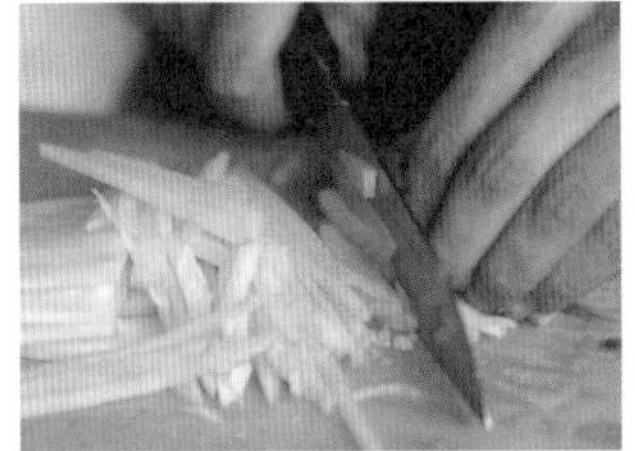

蘿蔔切粗絲；洋蔥切絲，蔥也切成相似長度。

#03

在蘿蔔中倒入辣椒粉（4.5杯）拌勻，直到水變紅色。

+ Cooking Tip

辣椒粉中加一點小魚乾昆布高湯或糯米糊，更能均勻混合。

#04

將蔥、洋蔥、蒜末（10）等剩下的材料放入，均勻攪拌，根據個人喜好添加糖或蝦醬，調整味道。

+ Cooking Tip

糯米糊不僅能幫助醬料均勻，還有助泡菜發酵。

#05

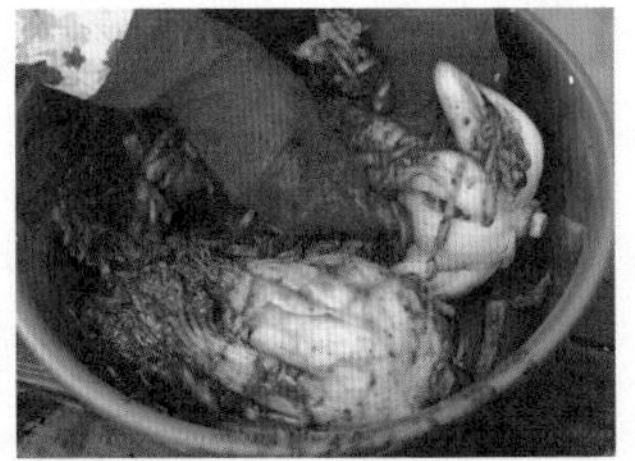

將拌好的餡料一層層塗抹到白菜葉中。

#06

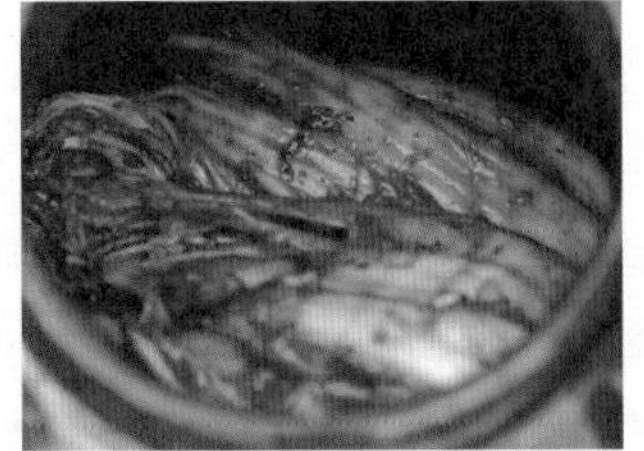

以最外面的白菜葉包覆醃好的泡菜，放到甕中發酵。

富含精力與時間的藥酒

馬格利酒

막걸리

在鄉下悠閒自在的生活，當然少不了酒！很難買到？就自己動手做吧！
晚才島的車珠媽只用五穀和酵母，就做出了濃醇的馬格利酒。用米為原料的馬格利酒富含膳食纖維、蛋白質和礦物質，吃飯時來一杯，還有藥酒的功效呢！

| 4人份 |

必備材料：硬飯（滿滿1大盆）、酵母（1坨）、酵母粉（1）

#01

先將米煮成不要太軟的硬飯後，在大鐵盤中鋪上棉布，飯鋪平在上，放到陰涼處風乾幾小時。

#02

風乾的飯放到大盆中，將酵母弄碎，與酵母粉（1）一同灑上。

#03

倒一點熱水，攪拌30分鐘。

#04

等到飯變成像粥一樣濃稠，裝到甕中。

#05

倒入礦泉水，以棉布封住甕口。

#06

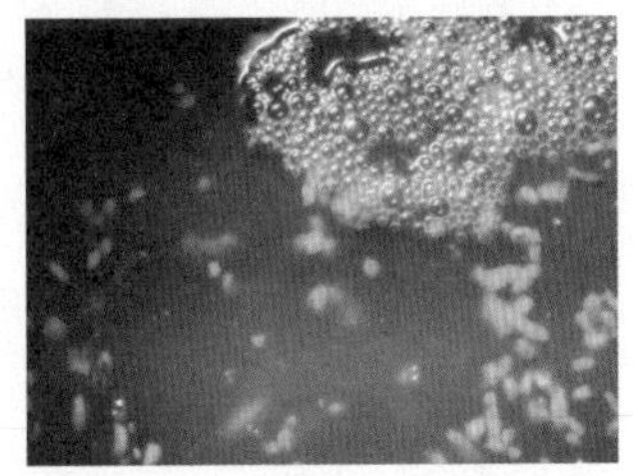

將甕放在溫暖室內，連續4天打開攪拌，幫助發酵。

#07

最後以棉布過濾就完成了。

這也很美味！
進階食譜
特別呈獻

香甜無比好滋味

水果馬格利酒

과일막걸리

最近市面上出現很多不同口味的馬格利酒，水果口味的馬格利調酒口感像奶昔般濃郁，深受女性朋友喜愛。以下介紹以馬格利酒為基底的2種清甜水果調酒。

藍莓馬格利酒 블루베리막걸리

| 馬格利酒1瓶分量 |

必備材料：香蕉（2根）、藍莓（1.5杯）、馬格利酒（1瓶）**選擇性食材：**蜂蜜（適量）

1 香蕉剝皮，切成2～3等分，與藍莓、馬格利酒（半瓶）一起放入果汁機中攪拌。

2 倒入剩下的馬格利酒稍微攪一下，視個人喜好加入蜂蜜。

鳳梨馬格利酒 파인애플막걸리

| 馬格利酒1瓶分量 |

必備材料：鳳梨（3杯）、馬格利酒（1瓶）**選擇性食材：**生奶油（1杯）、蜂蜜（適量）

1 果汁機中放入鳳梨和生奶油（1杯），將鳳梨完全攪碎到一定濃稠度，約需1～2分鐘。

2 在攪拌過程中，將馬格利酒（1瓶）分3～4次倒入混合。

如果一次倒入冰涼的馬格利酒，會和奶油分離，最好分成少量多次倒入。

3 視個人喜好加入蜂蜜。

Life 系列 031

一日三餐——麵包王 & 車珠媽的完美料理再現！

作　　者 — 2 千元幸福餐桌、tvN《一日三餐》製作團隊
譯　　者 — 張鈺琦
主　　編 — 陳信宏
責任編輯 — 尹蘊雯
責任企畫 — 曾睦涵
美術設計 — 我我設計 wowo.design@gmail.com
羅暎錫照片（P2）授權 — 蘑菇

總 編 輯 — 李采洪
董 事 長 — 趙政岷
出 版 者 — 時報文化出版企業股份有限公司
108019　臺北市和平西路 3 段 240 號 3 樓
發行專線 — （02）23066842
讀者服務專線 — （0800）231705．（02）23047103
讀者服務傳真 — （02）23046858
郵撥 — 19344724　時報文化出版公司
信箱 — 10899 臺北華江橋郵局第 99 信箱
時報悅讀網 — http://www.readingtimes.com.tw
電子郵件信箱 — newlife@readingtimes.com.tw
時報出版愛讀者粉絲團 — http://www.facebook.com/readingtimes.2
法律顧問 — 理律法律事務所 陳長文律師、李念祖律師
印　　刷 — 和楹印刷有限公司
初版一刷 — 2016 年 5 月 20 日
初版六刷 — 2022 年 1 月 12 日
定　　價 — 新臺幣 399 元

時報文化出版公司成立於一九七五年，
並於一九九九年股票上櫃公開發行，於二〇〇八年脫離中時集團非屬旺中，
以「尊重智慧與創意的文化事業」為信念。
（缺頁或破損的書，請寄回更換）

一日三餐——麵包王 & 車珠媽的完美料理再現！/ 2 千元幸福餐桌 , tvN《一日三餐》製作團隊著 ; 張鈺琦譯 ; -- 初版 . -- 臺北市 : 時報文化 , 2016.5
面 ;　公分 . -- (Life ; 031)

ISBN 978-957-13-6606-7(平裝)

1. 食譜 2. 韓國

427.132　　105005188

Original Title : 완벽한 레시피로 다시 만나는 삼시세끼 by 이밥차 1 , 이밥차 요리 , tvN 삼시세끼 제작팀 공동 제작
Tentative Title: Three Meals a Day Recipe 1 By 2BabCha Cooking Research Center, tvN Three Meals a Day Production
Copyright © 2015 by andbooks
All rights reserved.
Chinese complex translation copyright © China Times Publishing Company, 2016
Published by arrangement with Andbooks
through LEE's Literary Agency

ISBN 978-957-13-6606-7
Printed in Taiwan

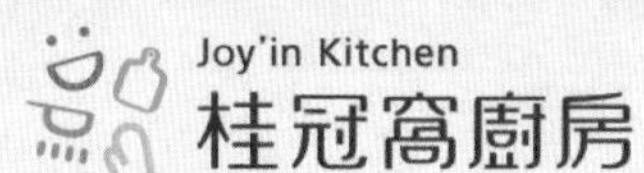

5月推薦課程

寵愛媽咪．寵愛自己的幸福餐桌

5/15(日) 寵愛媽咪，寶貝大廚的豐盛餐桌　Wendy媽媽

感謝媽咪的照顧！這一天讓孩子當大廚，變出一桌好菜獻給媽咪！穿上小圍裙，切切紅蘿蔔、料理毛豆、燻鮭魚與奶香金黃炒嫩蛋，與美味米飯層層堆疊裝飾出豐富的米蛋糕，每一層都藏著寶貝們要給媽咪的驚喜，配上粉紅莓果酥皮千層杯…
哇～親愛的媽咪，母親節快樂

5/24(二) 北歐戀戀女人輕美餐桌　Eva

甜菜根及大黃根都是北歐傳統保健植物兼蔬菜，炎熱春夏，甜菜根冷湯滋味優雅清爽、北歐火雞釀無花果搭配細綿的紫山藥泥，以酸甜的粉紅氣泡酒佐餐，餐後享用以大黃根與馬仕卡邦乳酪搭配的完美甜品，戀上北歐輕美餐桌！

5/25(三) 戀戀女人輕美飲食生活　Sophie

一杯自製優格搭配蔓越莓果醬，替女人開啟活力保健的美好早晨；木耳紅豆水膠原蛋白飲，是忙碌工作還能保持美麗的小祕密；輕食午餐就以濃縮番茄酸甜的油封蕃茄蘑菇小漢堡和香草燒炙水果佐鮮橙醬來補充維他命C，清爽無負擔，每天一點點健康，添一層層美麗！

5/28(六) 寵愛女人輕食派對　阿愷

以全麥饅頭為底，搭配三種美味兼顧健康的食材組成開放式迷你三明治：義式番茄羅勒起司燻雞、肉桂香甜地瓜、優格鮮蘋果。搭配一杯意想不到，以饅頭打成的紅豆五穀米漿飲，創意輕食派對就這麼簡單。

最新課程

電話：(02)2365-1266
http:// joyinkitchen.com
f 桂冠窩廚房